海上低孔渗储层快速评价技术与应用

郭书生　张迎朝　高永德　著

石油工业出版社

内 容 提 要

本书根据南海西部北部湾盆地、珠江口盆地和莺歌海盆地的低孔渗储层地质录井、测井及测试等资料，建立了一套低孔渗储层快速评价技术体系，包括储层含油气性现场评价、储层流体识别、储层参数定量评价、储层产出能力评价及储层等级评价等内容，以期为类似储层的勘探开发提供技术支持和决策依据。本书涉及录井、测井及测试三个专业内容，知识面广，具有较好的理论及现场实用价值。

本书可作为科研院所工作人员、研究生及从事低孔渗储层方向研究人员的指导书，也可供相关的勘探开发决策人员、工程技术人员参考。

图书在版编目（CIP）数据

海上低孔渗储层快速评价技术与应用/郭书生，张迎朝，高永德著.
—北京：石油工业出版社，2019.12
ISBN 978 - 7 - 5183 - 3770 - 5

Ⅰ. 海… Ⅱ. ①郭… ②张… ③高… Ⅲ. ①海上油气田—低渗透油气藏—研究 Ⅳ. ①P618.130.2

中国版本图书馆 CIP 数据核字（2019）第 275984 号

出版发行：石油工业出版社
　　　　　（北京市朝阳区安定门外安华里 2 区 1 号楼　100011）
　　　　　网　　址：www.petropub.com
　　　　　编辑部：（010）64523697
　　　　　图书营销中心：（010）64523633
经　　　销：全国新华书店
排　　　版：北京密东文创科技有限公司
印　　　刷：北京中石油彩色印刷有限责任公司

2019 年 12 月第 1 版　　2019 年 12 月第 1 次印刷
787 毫米×1092 毫米　开本：1/16　印张：10
字数：200 千字

定价：55.00 元
（如发现印装质量问题，我社图书营销中心负责调换）
版权所有，翻印必究

前　言

随着油气勘探的深入发展，近年来对油气的勘探和开发逐渐转向复杂储层资源、非常规油气资源和天然气水合物资源等方向，其中，低孔渗复杂储层油气的勘探发展对油气稳定供应和老油田增储上产具有重要的支撑意义。勘探实践表明，低孔渗资源储量所占的比例越来越大，对低孔渗油气藏的开发是目前以及未来一段时期内保持油气储量持续增长的重要组成部分。由于低孔渗储层的复杂性及其地区差异性，储层的主要特征表现为储层物性差、孔隙空间类型复杂、非均质性强、储层品质差、含油气丰度较差，并且具有不同于常规油气储层的成藏条件、地质特征、导电机理和测井响应特征，这给储层油气勘探和开发带来了极大的困难和挑战。因此，开展对低孔渗复杂油气层的研究具有极其重要的现实意义。

南海西部海域北部湾盆地、珠江口盆地及莺歌海盆地发育有大量低孔渗储层，这些储层的孔隙结构复杂，不同的流体性质具有相似的物性、电性特征，油气水层判别难度极大，以往的解释图版和解释方法不能满足现场快速评价的需求。为有效解决低孔渗储层评价难题，中海石油（中国）有限公司湛江分公司（简称中海油湛江分公司）利用多年来针对低孔渗储层勘探开发所获取的大量地质录井、测井、测试等资料，研究建立了一套低孔渗储层快速评价技术体系，并在实践中取得了显著的勘探成效。该体系包括储层含油气性现场评价技术、储层流体识别技术、储层参数定量评价技术、储层产出能力评价技术及储层等级评价方法等，以期为类似储层的勘探开发提供技术支持与决策依据。

全书共分为六章。第1章简要介绍了南海西部北部湾盆地、珠江口盆地及莺歌海盆地三大盆地的地质概况。第2章主要介绍了低孔渗储层含油气性现场评价技术，利用气测录井及三维定量荧光录井资料建立了适用于南海西部不同区块、不同储层的解释图版或解释标准。第3章主要介绍了测井、录井结合建立综合分析图版，辅助识别低孔渗储层流体类型的方法。第4章主要介绍了低孔渗储层参数定量评价技术，包括储层孔隙结构评价以及含水饱和度、渗透率等储层参数评价。第5章主要介绍了利用电缆地层测试资料解释储层单点有效渗透率的方法，在此基础上建立小尺度单点测压径向流渗透率与常规测井曲线的响应关系，形成一套小尺度测压流度到中尺度测井流度曲线、到大尺度 DST 测试有效渗透率的储层动静态渗透率转换技术。第 6 章介绍了基于 DST 测试产能划分储层等级的方法，结合孔隙结构分类对低孔渗储层等级进行评价，建立储层等级划分的交会图版，达到储层级别分类目的，实现了工业性产层的界定。

本书编写过程中得到中海油湛江分公司勘探开发部（中心）、南海西部石油研究院等单位领导及同事的支持和帮助，在此谨向他们表示衷心的感谢。

随着石油科学技术的进步，对于低孔渗储层快速评价技术的发展也将日新月异，鉴于笔者知识水平和研究领域的局限，书中难免存在错误和不妥之处，敬请同行、专家及读者批评指正！

著 者
2019 年 9 月

目　　录

第1章
南海西部海域区域地质概况

中国南海西部海域的油气产区主要分布在北部湾盆地、珠江口盆地、琼东南盆地和莺歌海盆地，低渗透油气储层主要集中在北部湾盆地、珠江口盆地和莺歌海盆地，分别是北部湾盆地的涠西南盆地凹陷及乌石凹陷、珠江口盆地的 A 凹陷和 B 凹陷、莺歌海盆地东方 13 区黄流组。

1.1　北部湾盆地

1.1.1　地理位置

北部湾盆地位于南海大陆架西北部边缘，主体在广西以南、雷州半岛以西、海南岛以北海域，北与粤桂隆起相接，东、南均与海南隆起区相邻，西与莺歌海盆地相接，是一个以新生代沉积为主的断陷、凹陷叠合盆地，海域面积 $3.9 \times 10^4 km^2$，水深一般小于 50m，由涠西南、乌石、迈陈、海中、福山、雷东、海头北等 12 个凹陷组成，各凹陷之间呈凹隆相间的构造格局。

1.1.2　构造特征

北部湾盆地是在前古近系基岩基础上发育起来的古近—新近纪沉积盆地，属于靠近欧亚板块边缘的一个板块内部盆地，受到印支、太平洋板块相互碰撞产生的剪切应力的影响，产生了一系列呈雁行状排列的断层。其构造活动较强，断陷为主要特征（图1.1）。

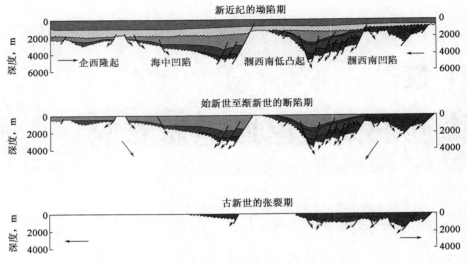

图 1.1　北部湾盆地构造发育阶段示意图

盆地在构造演化上具有早期裂陷和晚期裂后坳陷的总体特征，早期裂陷进一步分为张陷初始、扩张及消亡三大演化阶段，从而使古近系、新近系地层构成了明显下断上坳的"双重结构"。

早期裂陷的三大构造演化阶段：第一阶段为裂陷初始阶段，发生在晚白垩世至古新世，基底断裂复活，产生控制盆地边界的深大断裂，以北东向为主，充填式沉积了洪冲积相的长流组地层。第二阶段为张陷扩张阶段，发生在始新世至渐新世，盆地进入断陷阶段，盆地南北边界断裂发生断陷，以北东东向为主；致使北部凹陷形成"北断南超"，南部凹陷形成"南断北超"的单箕状断陷，始新世时期沉降速度大于沉积速度，湖盆扩大，沉积了以滨浅湖、中深湖相为主的流沙港组地层，而渐新世晚期，由于沉积速度加大，湖水变浅，凹陷得到充分补偿和充填，全区沉积了以河流、三角洲、滨浅湖相沉积为主的涠洲组地层，由于湖水面频繁升降变化，在纵向上湖岸平原与滨浅湖多旋回交互、叠加；渐新世末期，盆地隆升，遭受剥蚀，湖盆消亡。第三阶段为张裂消亡阶段，发生在中新世，主要表现为上述断层的继续活动，但以近东西向甚至北西西向为主；断层展布的方向随时间的推移有顺时针旋转的趋势。

晚期裂后坳陷阶段，主要发生在新近纪及后期，全盆地总体上接受沉降。但其中在中中新世后，可能与莺歌海盆地断层的再次活动有关，北部湾盆地南部产生了一定程度的挤压活动，形成部分挤压背斜及逆冲断层。随后整个盆地再一次接受持续缓慢沉降，以后再没有明显的构造活动。

1.1.3　沉积特征

由于盆地发育的古湖泊的可容空间变化受控于盆地的沉降，故涠西南凹陷古湖泊的发育在两个沉降旋回的控制下，早期为内陆湖泊充填，晚期为半封闭海湾沉积，岩性由下而上为粗—细—粗—细交互，主要特征分述如下：

湖盆形成期（古新世—早始新世，长流组沉积时期）：古湖泊面积小，沉积速率较大，物源供应充分，为山间盆地的近源洪积相或冲积平原相的低位体系域充填。

湖盆扩张期（始新世，流沙港组沉积时期）：由于沉降速率大，古湖泊水域扩大，形成欠补偿沉积，为水进体系域充填。早期的流三段以滨浅湖沉积为主；中期为流二段，沉积了厚层的中—深湖相深灰色泥岩；晚期流一段，沉降速率减小，水体变浅，以滨浅湖相沉积为主，为高位体系域充填。

湖盆消亡期（渐新世，涠洲组沉积时期）：湖盆沉降与充填超过平衡。早期为低水位时期，古湖泊面积小，大部分区域为湖岸平原沉积；中期为水进体系域充填，以滨浅湖相沉积为主；稍后进入高位体系域，仍以滨浅湖沉积为主。

新近系的海相沉积：由于北部湾盆地的全面海侵，涠西南凹陷内部及南边的凸起（隆起）逐渐消失，沉积中心位于涠西南凹陷的东南部凹陷内。中新统下洋组及角尾组下部为低位体系域充填，主要为滨浅海沉积；中新统角尾组中部为海进体系域的滨浅海相沉积；中新统角尾组上部及以上地层、上新统和第四系，以滨浅海相为主，为高位体系域。

1.1.4 地层特征

北部湾盆地是一个新生界沉积盆地，盆地可划分为三个次一级构造单元，即南部坳陷、企西隆起和北部坳陷。每一级构造单元地层大致相同，只是在地层厚度上存在局部的差异。该盆地地层从上往下依次为：斜阳组、望楼港组、灯楼角组、角尾组、下洋组、涠洲组、流沙港组、长流组及前古近系，其发育情况如图1.2所示。

1）第四系

更新统（斜阳组）：灰色、灰黄色砂砾岩、粗砂岩与灰色泥岩不等厚互层。

2）新近系

上新统（望楼港组）：灰色粗砂岩、细砂岩与灰色泥岩不等厚互层。

中新统（灯楼角组）：上部灰色、灰黄色中砂岩、细砂岩、粉砂岩与灰色泥岩不等厚互层，常见厚层泥岩发育；中下部灰色、灰黄色含砾砂岩、粗砂岩及细砂岩夹灰色泥岩。

中新统（角尾组）：分两段。角一段为灰色、灰绿色泥岩夹少量泥质粉砂岩等；角二段为灰绿色、灰色粗砂岩、细砂岩、粉砂岩与灰绿色、灰色泥岩不等厚互层。

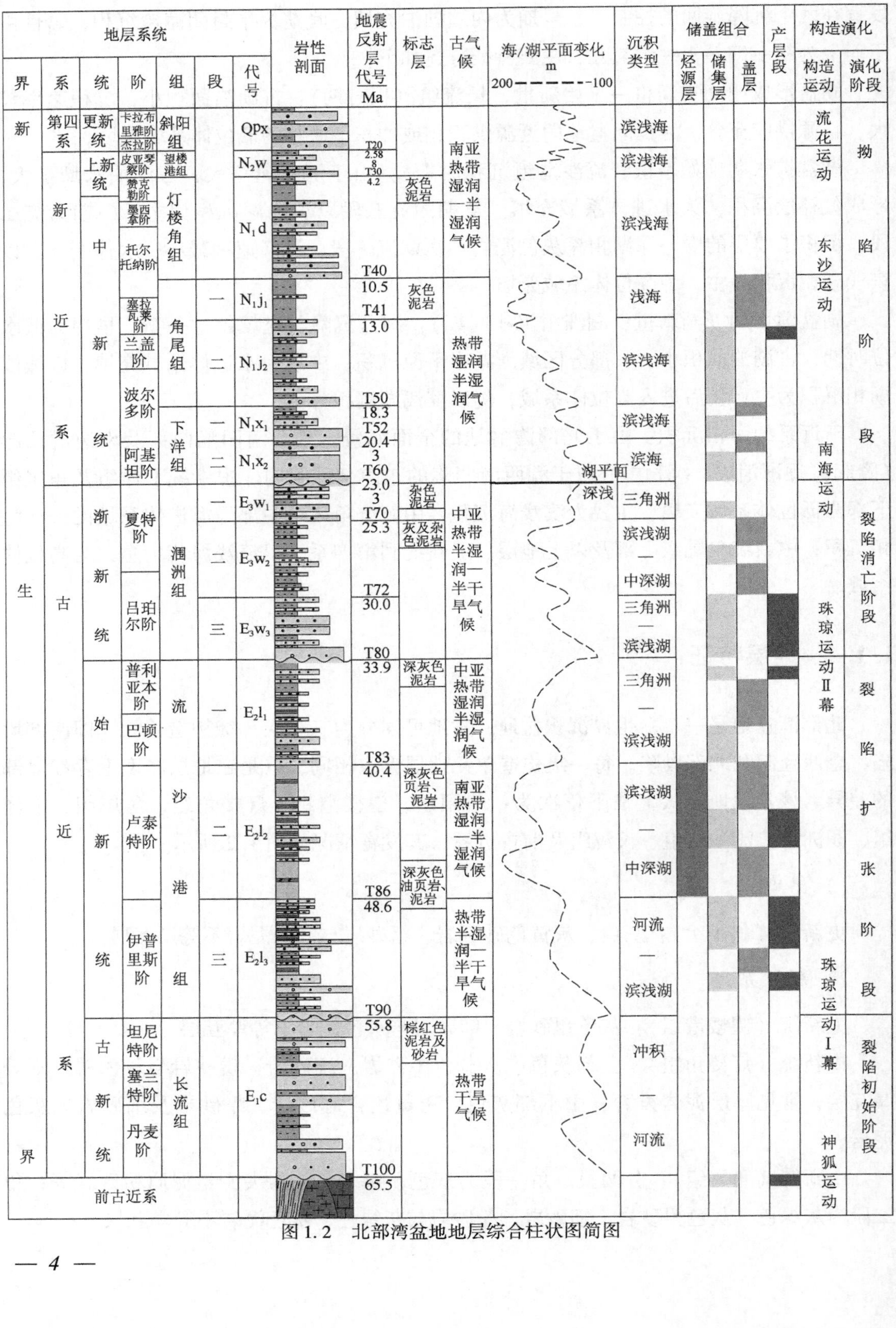

地层系统							岩性剖面	地震反射层代号Ma	标志层	古气候	海/湖平面变化 m 200 —— 100	沉积类型	储盖组合			构造演化	
界	系	统	阶	组	段	代号							烃源层	储集层	盖层	产层段	构造运动	演化阶段
新	第四系	更新统	卡拉布里雅阶杰拉阶	斜阳组		Qpx		T20 2.58		南亚热带湿润—半湿润气候		滨浅海				流花运动	坳陷阶段
		上新统	皮亚琴察阶赞克勒阶	望楼港组		N₂w		T30 4.2	灰色泥岩			滨浅海					
	新近系	中新统	墨西拿阶托尔托纳阶	灯楼角组		N₁d						滨浅海				东沙运动	
			塞拉瓦莱阶	角尾组	一	N₁j₁		T40 10.5 T41 13.0	灰色泥岩	热带湿润半湿润气候		浅海					
			兰盖阶		二	N₁j₂						滨浅海				南海运动	段
			波尔多阶	下洋组	一	N₁x₁		T50 18.3 T52 20.4				滨浅海					
			阿基坦阶		二	N₁x₂		3 T60 23.0				滨海					
生		渐新统	夏特阶	涠洲组	一	E₃w₁		3 T70 25.3	杂色泥岩	中亚热带半湿润—半干旱气候		三角洲				裂陷消亡阶段	
					二	E₃w₂			灰及杂色泥岩			滨浅湖				珠琼运动II幕	
	古近系		吕珀尔阶		三	E₃w₃		T72 30.0				中深湖					
								T80 33.9				三角洲—滨浅湖					裂陷扩张阶段
		始新统	普利亚本阶	流沙港组	一	E₂l₁			深灰色泥岩	中亚热带湿润半湿润气候		三角洲—滨浅湖					
			巴顿阶					T83 40.4									
生			卢泰特阶		二	E₂l₂			深灰色页岩、泥岩	南亚热带湿润—半湿润气候		滨浅湖—中深湖					
								T86 48.6	深灰色油页岩泥岩								
			伊普里斯阶		三	E₂l₃				热带半湿润半干旱气候		河流—滨浅湖				珠琼运动I幕	
								T90 55.8									段
		古新统	坦尼特阶	长流组		E₁c			棕红色泥岩及砂岩	热带干旱气候		冲积—河流				神狐运动	裂陷初始阶段
			塞兰特阶														
			丹麦阶					T100 65.5									
界	前古近系																

图1.2 北部湾盆地地层综合柱状图简图

中新统（下洋组）：分两段。下一段为绿灰色、浅灰色含砾砂岩、粗砂岩、细砂岩等夹灰色泥岩；下二段为灰黄色、棕黄色砂砾岩、含砾粗砂岩、粗砂岩等夹灰色泥岩。

3）古近系

渐新统（涠洲组）：分三段。涠一段为灰白色、浅灰色粗砂岩、细砂岩等夹杂色、棕红色泥岩；涠二段为杂色、棕红色、灰色泥岩与灰白色、浅灰色粉砂岩、细砂岩不等厚互层，偶见薄煤层；涠三段灰色、灰白色含砾砂岩、中砂岩、细砂岩夹杂色、灰色泥岩。

始新统（流沙港组）：分三段。流一段为灰色、深灰色页岩、泥岩与灰色、灰白色粉砂岩、细砂岩及少量含砾细砂岩不等厚互层，偶见棕红色泥岩发育；流二段上部与下部为厚层深灰色页岩或油页岩、泥岩，中部为深灰色页岩、泥岩夹灰白、浅灰色粉砂岩、细砂岩及少量含砾细砂岩；流三段为灰白色、浅灰色含砾砂岩、细砂岩夹深灰色及少量棕红色泥岩。

古新统（长流组）：棕红色、红褐色砂砾岩、含砾砂岩、粗砂岩与综合色泥岩互层，偶见灰色泥岩及浅灰色砂岩。

4）前古近系

前古近系：石灰岩、变质岩、花岗岩、火山碎屑岩等。

1.1.5　生储盖组合特征

北部湾盆地勘探开发实践证明，涠西南凹陷及乌石凹陷为主力产区。

涠西南凹陷为富生烃凹陷，油气分布广泛，主要富集在三个构造带：北部1号断裂—潜山带、中央2号断裂构造带和南部斜坡凸起岩性—背斜构造带。各个构造带都发现了较多的油气田或含油气构造，主要发育流二段湖相以生油为主的烃源岩。储层广泛发育，既有基底的碳酸盐岩，又有古近系的陆相碎屑岩和新近系的海相碎屑岩。盖层发育多，已证实的有三套区域盖层，即流二段泥岩、涠洲组泥岩以及角一段泥岩盖层，此外还发育较多的局部盖层，形成"上生下储"、"自生自储"和"下生上储"三种组合类型。

乌石凹陷也为富生烃凹陷，资源量丰富，油气富集，目前凹陷内已经发现多个含油气构造。古近系可形成四套良好的生储盖组合。第一套生储盖组合是以流三段下部泥岩或流二段下部泥页岩为烃源岩，流三段中上部的冲积扇砂体为储层，流二段下部泥页岩为盖层的配置体系；第二套是以流二段下部泥岩和页岩为烃源岩，以流二段中部近岸水下扇和滨浅湖沙坝为储集体，以流二段上部泥页岩为盖层的生储盖组合；第三套是以流二段上部泥页岩为烃源岩，以流一段下部三角洲前缘砂体为储层，以流一段上部三角洲平原—曲流河河漫沼泽相泥岩为盖层的成藏配置；第四套生储盖组合是以流一段或涠三段河漫沼泽相泥岩为烃源岩，以涠洲组近岸水下扇和河道砂体为储集体，以涠二段滨浅湖泥岩和河流相泥岩沉积为盖层的有效生储盖组合体系。其中，第二、第三套配置是乌石凹陷古近系最有效的生储盖组合。

1.1.6　储层物性特征

北部湾盆地各层组储层岩性类型多样，存在粉砂岩、细砂岩、中砂岩、粗砂岩、含砾砂岩、砂砾岩等多种类型，很多构造同一层组多种岩性共存；同时，北部湾盆地各层组物性类型多样，既有高孔高渗、中孔中渗、低孔低渗储层，也有中孔低渗、中孔高渗、低孔特低渗储层（表1.1、表1.2）。

表1.1　北部湾盆地乌石凹陷储层物性特征表

二级构造	层组	油田	深度，m	储层类型	岩性	岩心物性				物性分类
						岩心孔隙度%	平均值%	岩心渗透率mD	平均值mD	
东区	涠洲组	乌石16－A	1359～2486	油层	细砂岩	18.5～28.8	22.8	99.7～2770	735	中孔高渗
	流一段	乌石16－A	1910～A865	油层	粉砂岩、细砂岩、含砾砂岩	15.2～33.1	20.7	6.0～1670.5	290	中孔中渗
	流二段	乌石16－A	2152～3737	油层	粉砂岩、细砂岩、含砾砂岩	16～26	20	3.4～427	60.5	中孔中渗
	流二段流三段	乌石17－A	1633～2676	油层	细砂岩、中砂岩、砂砾岩	14.7～21.8	18.5	3.6～172.7	40.7	中孔低渗
中区	涠洲组	乌石22－A	2034～2260	油层	细砂岩、含砾砂岩及砂砾岩	14～28.2	20.5	30～3102.9	838.6	中孔高渗
	流一段	乌石22－A	3370～4454	油层	细砂岩、含砾砂岩	10～18.2	13.8	1～60.6	21.5	低孔低渗

表1.2　北部湾盆地涠西南凹陷储层物性特征表

二级构造	层组	油田	深度，m	储层类型	岩性	岩心物性				物性分类
						岩心孔隙度%	平均值%	岩心渗透率mD	平均值mD	
北部陡坡带	流一段	涠洲5－A	2823～2839	油层	细砂岩、粉砂岩	14.4～20.5	17.5	54.9～347.3	201.1	中孔中渗
	流三段	涠洲10－A	2037～2470	油层	细砂岩、含砾砂岩及砂砾岩	13.7～28.2	18.4	2.6～1761	66.3	中孔中渗

续表

二级构造	层组	油田	深度，m	储层类型	岩性	岩心物性				物性分类
						岩心孔隙度 %	平均值 %	岩心渗透率 mD	平均值 mD	
中央断裂带	角尾组	涠洲11-A	987~1015	油层	粉砂岩、细砂岩	24.9~31.2	28.7	135.2~730.2	336.3	高孔中渗
	涠洲组	涠洲12-A	2301~2737	油层	中—细砂岩、细砂岩	13.6~29.4	20.1	3~1590	113.2	中孔中渗
	涠洲组	涠洲6-A	2180~2361	油层	细砂岩	20.5~24.1	22.1	64.5~287.2	151.4	中孔中渗
	涠洲组	涠洲6-A	2093~2958	油层	细砂岩、中细砂岩	14.4~33.9	20.2	5.9~2176	280.6	中孔中渗
	涠洲组	涠洲6-A	1559~2456.7	油层	细砂岩、砂砾岩、含砾砂岩、粉砂岩	14~26.8	19.4	8~7406.3	530.1	中孔高渗
	流一段	涠洲11-A	1930~2646	油层	粉砂岩、细砂岩、砂砾岩、含砾砂岩	14.8~28.2	20	20.1~7112.8	1577.1	中孔特高渗
	流一段	涠洲11-A	2182~2900	油层	细砂岩	14.6~23.2	19.2	2.8~484	87.6	中孔中渗
	流一段	涠洲12-A	2881~3227	油层	粗砂岩、含砾砂岩、细砂岩	13.3~16.6	14.6	1.6~25.9	5.8	中孔低渗
	流一段	涠洲6-A	2740~2916	油层	细—极细砂岩	14.7~22.2	18.7	3.4~122	51.9	中孔中渗
	流三段	涠洲11-A	2450~2920	油层	中砂岩、细砂岩、砂砾岩	13.2~23.3	17.8	6.3~2335	184.9	中孔中渗
	流三段	涠洲11-A	3080~3688	油层	含砾砂、中砂岩、砂砾岩	14.2~17	15.8	2~14.4	5.1	中孔低渗
	流三段	涠洲6-A	3040~3173	油层	细砂岩、含砾砂岩	13.0~23.5	17.8	3.0~300.2	81.2	中孔中渗
南部斜坡带	角尾组	涠洲11-A	920~1040	油层	含钙质细砂岩、粉砂岩	11~37.3	25.5	50~5342	1009.6	高孔特高渗
	涠洲组	涠洲11-A	1488~1876	油层	中粗砂岩—砂砾岩	17~32.3	25.9	30~2753	651.3	高孔高渗
	流一段	涠洲11-A	2095~2334	油层	粉细砂岩—砂砾岩	15~27.5	20.2	110~23327.2	4425.7	中孔特高渗
	流二段	涠洲12-A	2495~3322	油层	粉砂岩—砂砾岩	13~B3.4	16.1	0.4~50	6.9	中孔低渗
	流三段	涠洲11-A	2474~3361	油层	砂砾岩—粉砂岩	8~20.9	12.7	0.3~75	3.9	低孔特低渗
南部隆起	角尾组	涠洲12-A	930~1075	油层	细砂岩、（含）云质砂岩	21~38.9	31	260~3293	1380	特高孔特高渗

北部湾盆地角尾组储层以高—特高孔、高—特高渗为主要特征。其中，南部隆起区为特高孔特高渗储层，南部斜坡带为高孔特高渗储层，中央断裂带为高孔中渗储层。涠洲组储层以中—高孔、中—高渗为主要特征。其中，中央断裂带为中孔中渗储层，南部斜坡带岩性较粗为中—高孔高渗储层，乌石凹陷东区为中孔高渗储层，乌石中区为中孔中渗储层。流一段储层以中孔隙度为主，渗透率各油田差异较大。中央断裂带流一段低渗、中渗、特高渗储层均存在。流二段储层以中孔低渗、中孔高渗为主要特征。其中，南部斜坡带涠洲 12 - A 油田流二段为中孔低渗储层，乌石凹陷东区乌石 16 - A 油田为中孔中渗储层，乌石 17 - A 油田为中孔低渗储层。流三段储层主要以中孔中渗、中孔低渗储层为主，但南部斜坡带涠洲 11 - A 油田流三段为低孔特低渗储层。

1.2　珠江口盆地

1.2.1　地理位置

珠江口盆地位于广东省大陆外侧南海北部的大陆架上，东边紧邻东沙群岛及台湾岛，西边临靠海南岛，南临西沙群岛，经度位于 111°~118°，纬度位于 18°30′~23°之间，整体呈 NE—SW 走向，属于大致平行于华南大陆岸线的陆架和陆坡区海域，是华南大陆的水下延伸部分。其西南部整体可划分为北部（海）隆起、珠三坳陷和南部（神狐）隆起三部分，面积约 $5.1 \times 10^4 km^2$，西距海南岛东岸约 100km。海水深度自北向南逐渐增大，小者不足 100m，最深不超过 1000m，大部分水深在 100~300m。

1.2.2　构造特征

珠江口盆地西部位于中国南海北部大陆架东部近海海域，以东经 113°10′ 为界与珠江口盆地东部划分，珠江口盆地是南海北部大陆边缘油气勘探的主战场之一，其西部整体可划分为北部（海南）隆起、珠三坳陷和南部（神狐）隆起三部分。目前，区内的油气勘探主要集中在珠三坳陷，位于珠江口盆地西部，面积 12180km²，由 6 个凹陷和 3 个凸起组成，分别是：文昌 A 凹陷、文昌 B 凹陷、文昌 C 凹陷、琼海凹陷、阳江 A 凹陷和阳江 B 凹陷，琼海低凸起、阳江低凸起和阳江地垒。

早古近纪的张裂阶段，在坳陷南部早期张裂阶段形成的珠三南断裂规模巨大，平面上贯穿研究区东西，纵向上断距超过千米，是文昌 A、B、C 凹陷与神狐隆起的分界线。凹陷中心位于珠三南断裂下盘附近，从凹陷中心向北南倾的断层不太发育，从凹陷中心向北部的凸起形成缓坡，因此形成了"南断北超"的构造格局。在晚渐新世以前各个凹陷分割性较强，基本彼此孤立，到晚渐新世以后各个凹陷逐步连为一个整体，成为一个统一的坳陷。晚渐新世以后地层产状和厚度变化相对平缓，对应为新近纪裂后热沉降阶段。受盆地构造演化阶段的影响，珠三坳陷在渐新统以前的地层产状和厚度变化较快，具有典型的"箕状断陷"特征。根据前人对地震不整合面、地层间断、断裂发育和岩浆活动等成果，珠三坳陷发生过5次构造运动，依次为：（1）神狐运动：晚白垩世—古新世形成北北东—北东向断陷。（2）珠琼运动一幕：早始新世—中始新世期间形成北东—北东东向断陷。（3）珠琼运动二幕：发生于中始新世—晚始新世之间，也称为第三张裂期，形成近东西向断陷。（4）南海运动：晚渐新世，盆地裂后阶段之始，也形成北东东和东西向断陷，沉积珠海组和珠江组地层。（5）东沙运动：产生了一系列以北西西向张扭性为主的断裂。

1.2.3　沉积特征

珠江口盆地在其形成演化过程中，由于受到印度板块向欧亚大陆板块俯冲作用以及太平洋板块向欧亚板块 NWW 向俯冲作用的共同影响，同时又受到南海扩张作用的影响，具有独特的构造格局和复杂的演化史，同时具有盆地地温梯度大、盆地热流值高等特点。盆地在中生代和新生代均处于大陆边缘，在垂向上具有典型的双层结构，表现为从构造演化上看，盆地晚白垩世—早渐新世为断陷阶段，中渐新世以后为坳陷；从沉积序列上看，具有先陆相沉积后海相沉积的演化序列，下部为盆地裂陷期充填的古新世—早渐新世的陆相沉积（文昌组、恩平组），发育烃源岩，上部为晚渐新世—第四纪的海陆交互相及海相沉积（珠海组、珠江组、韩江组、粤海组及万山组地层），发育良好的油气储盖层。

1.2.4　地层特征

珠江口盆地是一个坐落在前第三系基底上的新生代陆缘拉张型含油气盆地，地层上从上往下依次为第四系琼海组，新近系万山组、粤海组、韩江组、珠江组，古近系珠海组、恩平组、文昌组、神狐组及前古近系基底（图1.3）。

1）第四系

更新统（琼海组）：浅灰色黏土夹粉砂、细砂层为主；顶、底部为浅灰色粉砂、细砂层夹黏土层，局部可见含砾砂层。

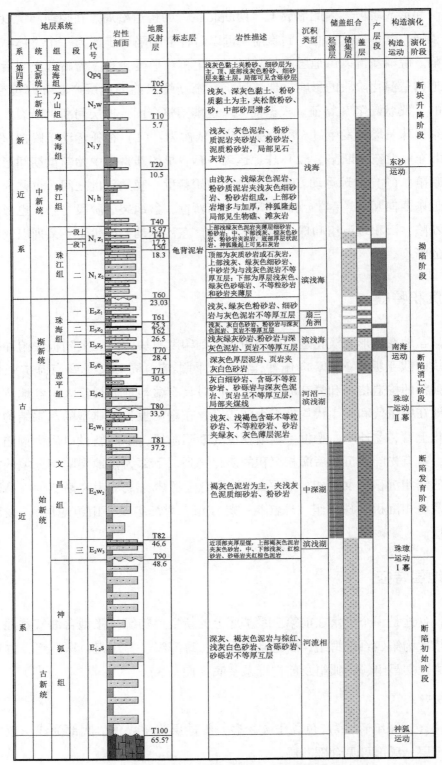

图1.3 珠江口盆地西部地层综合柱状图简图

2）新近系

上新统（万山组）：浅灰、深灰色黏土、粉砂质黏土为主，夹松散粉砂、砂，中部砂层增多。

上中新统（粤海组）：浅灰、灰色泥岩、粉砂质泥岩夹砂岩、粉砂岩、泥质粉砂岩，局部见石灰岩。

中中新统（韩江组）：由浅灰、浅绿灰色泥岩、粉砂质泥岩夹浅灰色细砂岩、粉砂岩组成，上部砂岩增多加厚，神狐隆起局部见生物礁、滩灰岩。

下中新统（珠江组）：分两段。珠江一上、下段上部为浅绿灰色泥岩夹薄层细砂岩、粉砂岩，中、下部为浅灰、深灰砂岩、粉砂岩夹泥岩，底部厚层状泥岩，神狐隆起上可见石灰岩；珠江二段顶部为灰质砂岩或石灰岩，上部为浅灰、绿灰色细砂岩、中砂岩与浅灰色泥岩不等厚互层，下部为厚层浅灰色、绿灰色砂砾岩、不等粒砂岩和砂岩夹薄层泥岩。

3）古近系

上渐新统（珠海组）：分三段。珠海一段为浅灰、绿灰色粉砂岩、细砂岩与灰色泥岩不等厚互层；珠海二段为浅灰、灰白色砂岩、粉砂岩与深灰色泥岩、页岩不等厚互层；珠海三段为浅灰、绿灰色砂岩、粉砂岩与深灰色泥岩、页岩不等厚互层。

下渐新统（恩平组）：分两段。恩一段为深灰色厚层泥岩、页岩夹灰白色砂岩；恩二段为灰白色细砂岩、含砾不等粒砂岩、砂砾岩与深灰色泥岩、页岩呈不等厚互层，局部夹煤线。

上始新统、中始新统（文昌组）：分三段。文一段为浅灰、浅褐色含砾不等粒砂岩、不等粒砂岩、砂岩夹绿灰、灰色薄层泥岩；文二段为褐灰色泥岩为主，夹浅灰色泥质细砂岩、粉砂岩；文三段近顶部夹厚层煤，上部为褐灰色泥岩夹灰色砂岩，中、下部为浅灰、红棕砂岩、砂砾岩夹红棕色泥岩。

下始新统、古新统（神狐组）：深灰、褐灰色泥岩与红棕、浅灰白色砂岩、含砾砂岩、砂砾岩不等厚互层。

4）前古近系

前古近系发育变质岩基底。

1.2.5 生储盖组合特征

以较深湖沉积为主的文昌组是珠三坳陷的主要生油层，以河流沼泽相和浅湖相沉积为主的恩平组是主要气源层。

神狐组为裂陷早期充填沉积，总体属扇三角洲相。文昌组沉积时期为裂陷鼎盛期，在裂陷的较深部位普遍为较深水湖相沉积。恩平组是裂陷湖盆萎缩阶段的产物，有广泛分布的河流—沼泽相和浅湖相带。

储层方面，珠海组、珠江组海相砂岩具有良好的储集条件，珠三坳陷已钻圈闭普遍见到珠江组、珠海组海相砂岩储层。珠江组、珠海组滨海—浅海相砂岩分布稳定，物性良好，对于形成大油气田是十分有利的，其中珠江组和珠海组上段是珠三坳陷主要储层。韩江组为开阔海沉积，砂岩百分比普遍小于40%，是良好的区域性盖层。

1.2.6　储层物性特征

珠江口盆地物性特征区域之间差别较大，文昌 A 区珠海组气田群、文昌油田群珠江组油藏及文昌油田群珠海组油藏各不相同。

文昌 A 区珠海组气田群：文昌 A 区气田是层状、边水为主的构造型凝析气藏，潮坪相沉积，主力气层组位于古近系珠海组Ⅰ、Ⅱ、Ⅲ段地层；储层岩性主要是粉细砂岩、中粗砂岩和含砾粗砂岩，砂岩成分以岩屑石英砂岩为主，含少量长石；砂岩骨架胶结类型基本上呈基底—孔隙式胶结，胶结物类型主要是硅质，偶见碳酸盐、石英，岩石颗粒间主要呈游离—点状接触；砂岩分选中等—好，填隙物分布不均匀，以杂基为主；储层平均孔隙度为10.2%，平均渗透率为2.6mD。储层物性中—差，所产凝析油性质好，密度小、黏度低。

文昌油田群珠江组油藏：文昌油田群珠江组油藏基本上都为多油组、多油水系统的油藏。储层岩性主要是以石英砂岩成分为主的细砂岩、含砾砂岩，含少量长石，大部分为高阻油层，此外，也有为数不少的岩性为粉砂岩及泥质粉砂岩的低阻油层。砂岩分选中等，填隙物分布不均匀，以杂基为主。砂岩骨架胶结类型基本上呈基底—孔隙式胶结，胶结物类型主要是硅质，偶见碳酸盐、石英，岩石颗粒间主要呈游离—点状接触。

文昌油田群珠海组油藏：文昌油田群珠海组油藏基本上都为多油组、多油水系统的油藏。储层岩性主要是以石英砂岩成分为主的细砂岩、含砾砂岩，含少量长石。砂岩分选中等，填隙物分布不均匀，以杂基为主。砂岩骨架胶结类型基本上呈基底—孔隙式胶结，胶结物类型主要是硅质，偶见碳酸盐、石英，岩石颗粒间主要呈游离—点状接触。

1.3　莺歌海盆地

1.3.1　地理位置

莺歌海盆地位于我国海南省与越南之间的莺歌海海域，北为广西壮族自治区，南与南海过渡，盆地总体为北西—南东向走向，呈长条纺锤形，海域面积超过 $11 \times 10^4 km^2$，是南海北部大陆架西区发育的新生代含油气盆地。

1.3.2　构造特征

莺歌海盆地以快速沉降充填、高地温梯度、大规模异常压力体系和热流体底辟为重要特征，新生代最大沉积厚度超过10000m。在大地构造上莺歌海盆地夹持在印支、华南两个微板块之间，南部为南中国海微板块，为受红河断裂走滑作用影响的新生代转换—伸展型盆地，具典型的早期断陷、晚期坳陷构造样式。莺歌海盆地的形成受印度板块作用的影响，在盆地东北和西南两侧形成北西向的走滑基底大断裂；盆地内发育向海倾斜的沉积楔，断层与构造少，但盆地中部泥底辟构造十分发育。

早期断陷由于红河断裂的左旋走滑作用，使得盆地张开，大量正断层发育，半地堑应运而生，4个次一级构造单位同时控制着盆地的沉积作用。晚期坳陷由于红河断裂左旋活动停止，盆地张裂结束，转入热沉降阶段，断裂不再起主要作用，盆地分割性不明显，沉降中心发生了迁移而与张裂阶段不一致，北西、北东向断裂仍在活动但不控制沉积作用。之后盆地进入裂后阶段后，在古近纪末经历了一次构造改造，盆地隆起，遭受剥蚀，形成了角度不整合，然后再次沉降接受沉积，沉降中心又一次向东南迁移，断裂不再活动，盆地为坳陷。伴随着泥底辟运动，产生一系列断裂带，并且泥底辟运动特有的幕式特点，使得在底辟带附近集中着大量走向一致的断裂，来自深部的热液流体对这些断裂带群进行了改造作用，以中央底辟带为中心，远离底辟带的位置其断裂逐渐减少。

1.3.3　地层特征

莺歌海盆地自上而下依次为乐东组、莺歌海组、黄流组、梅山组、三亚组、陵水组、崖城组、岭头组及前古近系的基底（图1.4）。盆地充填从底部的冲积扇、河流、湖泊沉积向上过渡为滨浅海碎屑岩相直至半深海相沉积，总体上显示了一个海进充填序列。

1）第四系

全新统—更新统（乐东组及莺歌海组一段）：分两段。乐东组岩性为灰、绿灰色黏土夹灰色砂、粉砂，富含生物碎片。莺歌海组一段岩性为灰、绿灰色黏土夹灰色砂、粉砂。

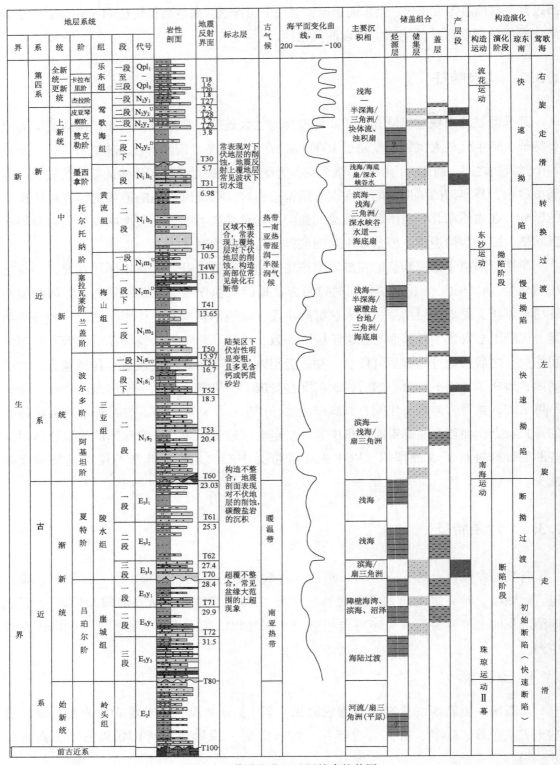

图 1.4 莺歌海盆地地层综合柱状图

2）新近系

上新统（莺歌海组）：分两段。莺歌海一段为灰色、绿灰色黏土夹灰色砂、粉砂；莺歌海二段上部为灰绿、灰色泥岩夹薄层砂岩、粉砂岩，中下部为灰、绿灰色泥岩与灰色砂岩不等厚互层。

上中新统（黄流组）：分两段。黄流一段为灰色泥岩与浅灰、灰色粉砂岩和砂岩不等厚互层；黄流二段为浅灰、灰色块状砂岩与灰色泥岩不等厚互层，局部夹石灰岩或灰质砂岩。

中中新统（梅山组）：分两段。梅一段为浅灰、灰色砂岩、灰质砂岩与灰色泥岩不等厚互层，夹石灰岩、生物灰岩；梅二段为浅灰、灰色块状砂岩与灰色泥岩不等厚互层，局部夹砂质灰岩或石灰岩。

下中新统（三亚组）：分两段。三亚一段为浅灰、灰色块状粉砂岩、细砂岩与灰色泥岩不等厚互层；三亚二段为浅灰、灰色块状砂岩与灰色泥岩不等厚互层，夹煤层，局部底部含石灰岩。

3）古近系

上渐新统（陵水组）：分三段。陵水一段为浅灰、灰色块状砂岩与灰色泥岩不等厚互层；陵水二段为浅灰、灰色块状砂岩与灰色泥岩不等厚互层；陵水三段为灰白、浅灰色厚层中、粗砂岩、含砾不等粒砂岩。

下渐新统（崖城组）：分三段。崖城一段为灰白、浅灰色厚层中、粗砂岩、含砾不等粒砂岩，夹深灰色泥岩；崖城二段为深灰色厚层泥岩夹薄层灰白色砂岩；崖城三段上部为灰白色砂岩与深灰色泥岩、页岩互层，夹煤层，下部为棕红色砂砾岩夹薄层深灰色泥岩。

始新统（岭头组）：上部为浅灰至中灰花岗质细砂岩、粉砂岩夹薄层灰色泥岩；中部为浅橄榄灰至灰色泥岩，偶见杂色泥岩与灰白色、浅灰色花岗质粉砂岩互层；底部为灰白至浅灰色花岗质岩。

4）前古近系

前古近系基底：花岗岩、闪长岩、石灰岩、安山玢岩、角闪岩、英安流纹岩等。

1.3.4　生储盖组合特征

莺歌海盆地发育有良好的烃源岩，包括始新统中—深湖相泥岩、渐新统崖城组海岸平原沼泽相的煤系地层、新近系下—中中新统海相泥岩（三亚组、梅山组）和新近系上中新统—上新统海相泥岩（黄流组、莺歌海组）。新近系下—中中新统海相泥岩（三亚组、梅山组）是盆地内最主要的烃源岩，生气层主要分布于盆地中央坳陷区，是一套半封闭浅海及半深海砂泥岩地层。纵向上，自上而下有机质丰度有逐渐增加的趋势，但存在着高丰度层段，它们都与海侵高位体系域相关，预示坳陷中心存在着有机质丰度较高的烃源岩。平面上有机质的丰度、类型明显受沉积环境的严格控制，远离物源区，水体深的有机质丰度高，类型好；在盆地内部，黄流组、莺歌海组从盆地的西北部临高鼻状构造带向东南方向中央坳陷带东方区直到东南乐东区，有机质丰度逐渐变高，有机质类型变好。

自中中新世以来，莺歌海盆地经历了两次大的海侵海退过程，形成五套主要的储盖组合。第一套储盖组合由第四系莺歌海组一段滨浅海—半深海相泥岩盖层和第四系乐东组、莺歌海组一段和二段陆架—陆坡泥质粉砂岩与极细砂岩储层组成；地层埋藏浅，物性好。第二套储盖组合由莺歌海组二段半深海—浅海相泥岩盖层与黄流组滨浅海相和三角洲相砂岩、粉砂岩储层组成，砂岩发育，单层厚度较大；地层埋藏中等，物性较好。第三套储盖组合由梅山组浅海—半深海泥岩盖层与三亚组陆架浅海砂岩储层组成，地层埋藏深度大，物性较差。此外，还有陵水组和崖城组的储盖组合以及崖城组和基底的储盖组合。

莺歌海盆地天然气运聚规律主要表现为，中央底辟带油气以垂向运移为主，横向运移为辅，幕式的热流体活动构成了多源混合、多期运聚、多类气体分块聚集的成藏特点。中深层黄流组储层与下部下—中中新统海相泥岩烃源岩及上部的厚层高压泥岩形成最为有利的生储盖组合。钻井揭示了中深层黄流组纵向聚集、高压封盖、大型海底扇砂岩储集、向底辟构造远端超覆尖灭形成侧封的岩性气藏模式。

成藏上，该盆地底辟构造带和凹陷斜坡带的成藏主控因素不同，底辟构造带圈闭类型以构造＋岩性为主，底辟周缘微裂隙发育，垂向输导运聚能力强，储层为天然气成藏的关键要素；而远离中央底辟区的凹陷斜坡带，圈闭类型以岩性圈闭为主，底辟周缘微裂隙垂向输导能力减弱，天然气运聚、天然气充注强度及侧封条件则为成藏的主控因素。三大成藏关键因素为：近底辟微裂缝垂向输导，大型优质储层储集，构造脊背景的岩性圈闭高效聚集。

1.3.5 储层物性特征

莺歌海盆地储层段孔隙度主要分布在 20% ~ 36%，渗透率 10 ~ 1000mD；储层物性较好，为特高孔—高孔、中—低渗储层（图1.5、表1.3）。

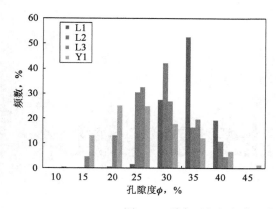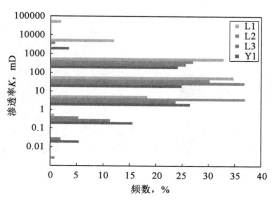

图1.5 乐东区各组段岩心孔隙度、渗透率统计分布直方图

表1.3 乐东区储层岩心分析物性特征表

组段	孔隙度,%		渗透率,mD	
	范围	均值	范围	均值
乐一段（L1）	29.1~44.8	37.0	0.5~11559	947
乐二段（L2）	23.8~43.8	32.8	0.2~8890	194
乐三段（L3）	11.7~37.5	25.3	0.1~956.5	97
莺一段（Y1）	9.2~43.5	23.3	0.03~3875	160

第2章
低孔渗储层含油气性现场评价技术

受钻井工程、脱气器、仪器标定、取值方式及气测后效气等诸多因素的影响，钻井作业现场利用地质录井资料识别、评价油气层一直是地质录井工作的技术难题。常规的评价方法基于现场获得的岩屑的岩性、含油性，气测值的大小，钻井液的密度、黏度、电导率变化等信息做出初步判断，再借助区域地质背景及油气层所处的地质环境，进而对储层情况、流体类型做出判断，有时还需依靠专业人员的工作经验或者对特定储层的深刻认识才能识别出油气层。本章在综合梳理、分析地层信息、去伪存真的基础上，寻找与储层流体类型相关的参数，并研究解释、评价流体类型的方法，以实现对低孔渗储层含油气性的识别及快速解释。

2.1 气测录井资料解释方法及图版

钻井液返出的气测录井数据作为识别储层流体油气类型的第一手资料，对于其理论研究及技术应用较多，最常用的还是三角图版法、皮克斯勒法及气体比率法，但它们存在一个共同的缺点，仅通过不同气体组分之间的比值变化识别油气水层，导致其在常规油层的使用效果较好，而对于存在部分气体组分缺失的低气油比或水淹层等特殊油层使用效果较差。

本节先后建立南海西部油田的三角图版解释标准、分区分层段的皮克斯勒法及气体比率法解释标准，并分析其适用性。

2.1.1 三角图版法及解释模板

三角图版法是一种常规的录井解释方法，主要应用于判断、解释油气类型，储层是否具备产能。

1) 绘图方法（解释方法）

烃组分三角图版法（也称三角形图解法）：用减去背景值后的 C_2、C_3、iC_4、nC_4 和 $\sum C$（其中 $\sum C = C_1 + C_2 + C_3 + iC_4 + nC_4$）计算出 $C_2/\sum C$、$C_3/\sum C$、$nC_4/\sum C$ 三个比值，按 $C_2/\sum C$ 值做一条平行于 $C_3/\sum C$ 轴的直线，按 $C_3/\sum C$ 值做一条平行于 $nC_4/\sum C$ 轴的直线，按 $nC_4/\sum C$ 值做一条平行于 $C_2/\sum C$ 轴的直线，三条直线构成一个三角形烃组分比值图，将这个三角形的三个顶点与图版三角形的对应顶点分别连线得到一交点 M；不同类型流体作出的三角形的大小、形状及 M 点在图版中的位置不同。图中曲线所圈闭的 S 区域是有试油价值的"价值区"，或称为"可生产区"（图2.1）。

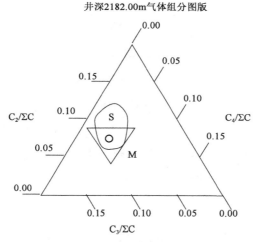

图 2.1　三角图版绘制

$C_1 = 1814\text{mg/L}$，$iC_4 = 58\text{mg/L}$，$iC_5 = 83\text{mg/L}$，$C_2 = 223\text{mg/L}$，

$nC_4 = 175\text{mg/L}$，$nC_5 = 45\text{mg/L}$，$C_3 = 213\text{mg/L}$

2) 解释原则

三角图版法评价流体信息遵循如下原则：

（1）三角形顶点朝上为正三角形，朝下为倒三角形；边长与图版三角形比值小于 25% 为小三角形，25%~75% 为中三角形，大于 75% 为大三角形，大于 100% 为极大三角形。

（2）大三角形表示气体来自干气或低气油比储层；小三角形表示气体来自湿气层或高气油比油层。

（3）若三角形顶点朝上（正三角），指示烃组分偏气相；若三角形顶点朝下（倒三角），指示烃组分偏油相。

（4）若 M 点落在 S 价值区内，则认为组分符合正常地球化学指标，该储集层有生产价值；反之，若 M 点落在 S 区外，则其组分异常，可能是水层中的溶解气、残余烃或油页岩，无生产能力。

必须指出的是，三角形顶尖朝上还是朝下，与解释图所定的三角坐标轴的上限密切相关，换言之，同样的 $C_2/\sum C$、$C_3/\sum C$、$nC_4/\sum C$ 值汇在不同上限值的图版上，三角形顶尖指向有可能不同，价值区 S 的区域界限也将不同，一般图解法所给出的原始上限标值为 0.17，即 17%。

基于以上原则，结合南海西部油田气测录井资料，总结出该区油气评价的解释原则（表 2.1）。

表 2.1　南海西部油田三角图版法解释原则

三角形形状	边长比	油气分类
大倒	>75%	油层
中倒	25% ~75%	
小倒	<25%	油水层
小正		
中正	25% ~75%	气水层
大正	>75%	气层

该解释原则以三角形形状大小、边长比将储层分成油层、油水层、气水层及气层等四个油气类型，以实现现场快速确定储层性质。

3）适用性

三角图版法解释具有方法简单、直观、易于操作的优点，解释人员可以利用单个数据给出特定的结论；由于其基于单点分析数据，所以不能连续成图。在应用上，深层油气藏或原生油气藏解释效果较好；对次生改造后油气藏，特别是浅层严重生物降解油气藏，解释吻合率较低。

为了提高评价储层效率，将一个储层段的三角图版利用软件集成，以实现多点分析、多个值同时投点对比；解释原则参考南海西部油田三角图版解释原则（表 2.1）。以 WZ12 – A – 3 井为例，该井流二段 2043 ~2064m 的岩性为油斑泥质粉砂岩及油浸细砂岩，荧光面积 10% ~75%，直照暗黄色荧光，滴照乳白色，最大气测值位于 2054m，$C_1 = 5.2518\%$，$C_2 = 1.33\%$，$C_3 = 1.2912\%$，$iC_4 = 0.2284\%$，$nC_4 = 0.4657\%$，现场岩屑识别鉴定为储层段。将该井段的气测录井数据导入软件，生成如图 2.2 所示的图形，从图中可以看出，整个储层段的三角形为大倒三角，并且 M 点落在产能区内，显示为有产能的油层。通过完钻之后的测试，该储层日产油 122.4m^3，气 10702m^3，三角图版法解释结论与测试结果相符。

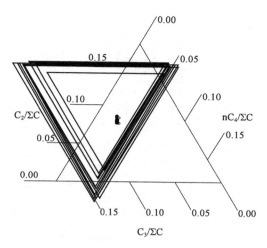

图 2.2 WZ12 – A – 3 井三角图版法评价油气层

2.1.2 皮克斯勒法及解释模板

皮克斯勒法是一种常规的录井解释方法，其解释主要涉及储层流体性质、储层含水性及非产层判断，但其在设计之初，由于应用范围所限，未充分考虑不同地区、不同油藏类型的烃组分特征。随着油气勘探开发的广泛进行，针对不同地区、不同油气藏类型，探讨其方法适用性势在必行。

1）绘图方法（解释方法）

皮克斯勒法也称为皮克斯勒烃比值法，是 20 世纪 60 年代末由美国 BOROID 公司的皮克斯勒提出的，最初由于气测色谱组分的限制，模板中只有 C_1/C_2、C_1/C_3、C_1/C_4 三个比值，随着录井气测技术的提高，先进的仪器能检测出 C_5 组分，相应也将 C_1/C_5 比值加入了图版。解释模板的横坐标为 C_1/C_2、C_1/C_3、C_1/C_4、C_1/C_5，纵坐标以对数的形式表示这四个横坐标分别对应值的大小；使用时将测得的四个参数比值绘制在解释模版中并连接成线，根据线段在图版中的区间位置判断该储层的生产能力及流体性质（图 2.3）。

2）解释原则

皮克斯勒法的原理是：不同类型流体具有不同特征的 C_1/C_2、C_1/C_3、C_1/C_4、C_1/C_5 值，根据 C_1/C_2、C_1/C_3、C_1/C_4 和 C_1/C_5 值特征，可反推地层孔隙流体类型和性质。因此解释过程中可遵循以下原则：

（1）被解释地层的烃比值点（尤其是 C_1/C_2 值）落在哪一个区间，该层即属于该区流体性质的储层。C_1/C_2 值越低，说明流体含气越少或者油的密度越高。

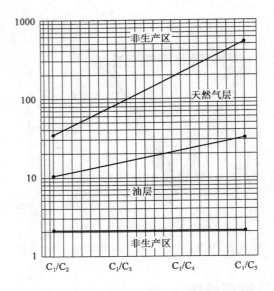

图 2.3　皮克斯勒解释图版

（2）只有单一组分的 C_1 显示的层段是干气层的显示特征，过高的单一组分 C_1 显示层如果荧光较好则是遭受改造油层的特征。

（3）C_1/C_2 值落在油区底部，而 C_1/C_4 值落在气区顶部，该层可能为非生产层；C_1/C_2 值落在油区中上部，而 C_1/C_4 值落在气区中下部，该层可能为油气层。

（4）如果任一烃比值（混油钻井液时 C_1/C_5 值除外）低于前一个比值，则该层可能为非生产层，例如 C_1/C_4 值低于 C_1/C_3 值，该层可能为非生产层。

（5）各烃比值点连线的倾斜方向表明储集层是产烃还是产水和烃：正倾斜（左低右高）连线表示为生产层，负斜率（左高右低）连线表示为含水层，低产液量的储层也可能显示为负斜率，但比较少见。

（6）皮克斯勒法一般不适用于低渗透层，但是若各烃类比值点连线较陡，表明该层为致密层。

3）适用性

皮克斯勒图版通过气体比值的统计规律反映储层流体性质，实践证明具有较高的实用价值。由于不同区域的油藏特征差异较大，轻烃组分比值特征随之产生差异，对皮克斯勒法评价储层流体性质的适用性提出了考验。

首先要求气测录井硬件系统有良好的脱气效率和准确的定量分析，使之参与比值计算的各组分检测值相当可靠，才能反映油藏的实际特征。这一点上，中海油录井技术采用的是定量脱气器，以及国际领先的色谱仪 RESERVAL 分析，数值可靠，利用价值高。

其次不同类型油藏具有不同的轻烃组成特征，在使用皮克斯勒图版时要区别对待。皮克斯勒法在原生油藏储层（原生油藏组分齐全）的流体性质判断方面具有优势，在储层边底水所致的含水性判断方面有应用价值，在次生油藏解释中，应该立足于油藏的具体情况进行判断，在非产层判断方面陡斜率应用价值不高，非产能区的设置不具有应用价值。

4）南海西部不同区块、不同层段解释标准

皮克斯勒法通用标准 $2 < C_1/C_2 < 10$ 和 $2 < C_1/C_5 < 30$ 解释为油层，$10 < C_1/C_2 < 35$ 和 $30 < C_1/C_5 < 500$ 解释为气层，其他区域为非生产区。结合本区统计数据和解释原则，可得出区域范围内各区块、层段的皮克斯勒解释图版新解释标准（表2.2）。表中"—"表示该值在该区域目前未取值或无法取值，其中文昌A凹陷珠江组的油层皮克斯勒法比值点曲线在图版上呈负斜率不规律形，无法解释。

表2.2 皮克斯勒法解释标准

盆地	区块	层段	油层	气层
北部湾	涠西南	涠洲组	$2 < C_1/C_2 < 10$	—
			$2 < C_1/C_5 < 30$	
		流一段	$1.8 < C_1/C_2 < 10$	—
			$4 < C_1/C_5 < 30$	
		流二段	$2 < C_1/C_2 < 5$	—
			$5 < C_1/C_5 < 28$	
		流三段	$2.5 < C_1/C_2 < 9$	$9 < C_1/C_2 < 35$
			$2.5 < C_1/C_5 < 25$	
	乌石	涠洲组	$3 < C_1/C_2 < 6$	—
			$3 < C_1/C_5 < 15$	
		流一段	—	
		流二段	—	
		流三段	$4 < C_1/C_2 < 8$	—
			$4 < C_1/C_5 < 40$	
珠江口	文昌A	珠江组		$7 < C_1/C_2 < 35$
				$100 < C_1/C_5 < 200$
		珠海组	$2 < C_1/C_2 < 7$	$7 < C_1/C_2 < 35$
			$2 < C_1/C_5 < 80$	$80 < C_1/C_5 < 200$
	文昌B	珠海组	$2 < C_1/C_2 < 10$	—
			$2 < C_1/C_5 < 30$	
莺歌海	东方	黄流组	—	$35 < C_1/C_2 < 100$
				$200 < C_1/C_5 < 1000$

2.1.3 气体比率法及解释模板

如何在现场通过气测曲线直观地判断所钻地层的干、湿气层，划分油、水及油水界面，为勘探开发提供快速决策服务，是气测录井的重要研究目标，气体比率法为这一目标实现作了有效地探索和尝试，该法目前已成为一种常规的录井油气评价方法。

气体比率法又称为 Gadkari 气体比率模型，其核心是三个气体组分比值，即轻重比、轻中比和重中比，具体计算公式如下：

$$轻重比 \ LH = 100 \times (C_1 + C_2) / (C_4 + C_5)^3$$
$$轻中比 \ LM = 10 \times (C_1) / (C_2 + C_3)^2$$
$$重中比 \ HM = (C_4 + C_5)^2 / C_3$$

1）解释原则

储层烃类组分不同，脱出的气体成分也不一样，干气中的重烃组分（C_4 和 C_5）含量较低甚至组分不齐全，而油层中不仅重烃组分齐全，而且含量也高；LH 和 LM 曲线在分子上有轻组分，因此随着烃类密度的增大，曲线就向左倾斜（LH 和 LM 减少）；在 HM 曲线中重组分放在分子上，因此随着烃密度的增大，曲线就向右倾斜（HM 增大）。

（1）当无重组分时，HM = 0，LH 无意义，此时的气体异常为干气。

（2）HM 小幅上升，LH、LM 快速下降，LM 较 LH 幅度明显大，是湿气特征。

（3）HM 大幅上升，LH、LM 快速下降，且 LM、LH 幅度接近，是油层特征。

（4）在储层里，HM 下降，LH、LM 上升，是水层特征，并且可据此确定油水界面。图 2.4 为气体比率法解释图版示例。

2）适用性

用气体比率法解释评价油气水层，主要判断标准是曲线形态的变化情况及曲线是否交汇，具有方便快捷的特点，可以随钻进深度的增加连续成图，能非常直观地显示油气层的特征；缺点是数值变化范围大，深浅层位比例尺的刻度范围差异较大。

3）南海西部油田气体比率法判断标准

对本区范围内目标井、目标层的气体比率法解释情况及符合情况看，气体比率法解释油气水行之有效，为此建立了南海西部油田气体比率曲线交会判断标准（表 2.3），该标准可为以后勘探开发快速提供决策服务。

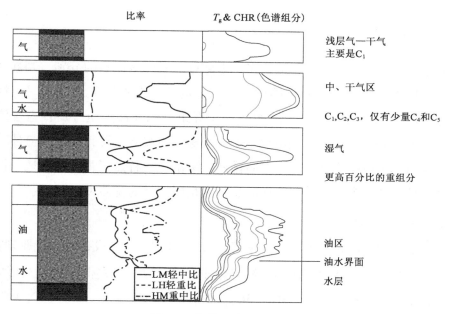

图2.4 气体比率法解释图版

表2.3 气体比率曲线交会判断标准

	气体比率曲线交会情况	解释结论
1	LM、HM 无意义时，只有 LH，没有曲线交会	干气
2	HM 为 0 时，LM×R<LH 时，曲线无交会	干气
	HM 为 0 时，LM×R>LH 时，LM、LH 交会	湿气
3	HM×R<LM 时，且 LM×R<LH，曲线无交会	水层或干层
	HM×R<LM 时，且 LM×R>LH，曲线 LM、LH 交会	湿气或水层
4	HM×R>LM 时，且 HM×R<LH，曲线 HM 与 LM 交会	油层或含油水层
	HM×R>LM 时，且 HM×R>LH，曲线 HM 与 LM、LH 交会	油层

注：三条曲线交会的前提是 LH/LM、LH/HM 以及 LM/HM 的比值在比例尺比值数量级范围内；R 为 LH/LM 比例尺比值。

2.2 流体相散点图法、流体相星型图法及图版

流体相散点图法、星型图法提名来源于 GEOSERVICES 的 INFACT 软件，其在 FLAIR 流体相分析技术中应用，依靠烃组分值、烃组分比值作图，评价流体类型及流体之间相关性的方法。本节基于散点图法、星型图法的作图模式，对本区内目标井、显示层气测值进行投点、归类、统计、分析，得出适合南海西部录井油气评价的解释参数及解释方法。

2.2.1　流体相散点图法

流体相散点图法是用两组数据构成多个坐标点，考察坐标点的分别，判断两变量之间是否存在某种关联或统计坐标点的分布模式。流体相散点图应用是将一个烃组分值（或烃组分加权组合值）作为 x 坐标，另外一个烃组分值（或烃组分加权组合值）作为 y 坐标，将多个层位的气测值按照相同的 x、y 坐标进行投点，可得到同一流体类型的投值点会出现在同一区域或沿着同一个方向排列。根据这一特点可得知，在散点图上出现在同一区域或沿着同一个方向排列的样品点将会是同一类的流体类型。

1）流体相散点图法参数

在流体相散点图法解释参数确定中考虑到 RESERVAL 气测设备的测量原理将 nC_n 作为必要参数，并且借鉴气体比率法中的烃组分加权组合方法，共得到 20 个参数分别是：C_1、C_2、C_3、C_4、C_5、$2C_2$、$3C_3$、$4C_4$、$5C_5$、C_1+2C_2、$4C_4+5C_5$、$C_1+C_2+C_3+C_4+C_5$、$10C_1$、$(C_2+C_3)^2$、$100(C_1+C_2)$、$(C_4+C_5)^3$、$(C_4+C_5)^2$、$10C_1/(C_2+C_3)^2$、$(C_4+C_5)^2/C_3$、$100(C_1+C_2)/(C_4+C_5)^3$。将这 20 个参数值作为 x、y 轴进行图版组合和投点分析，并通过软件实现对不同显示层不同颜色在流体性质上的区分，绘图方法见图 2.5。同时定义 C_1、C_2 为轻组分，C_3、C_4 为中组分，C_5 为重组分，用轻、中、重三种组分的不同组合进行流体相散点图对比分析，最终得到 9 组图版适合做流体相解释，分析中还发现不同图版在不同区域有较强的代表性和适应性。这 9 种图版用到的参数、参数意义和用途见表 2.4。

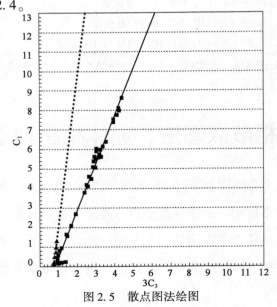

图 2.5　散点图法绘图

表 2.4 流体相散点图法图版参数

参数名称	参数意义	参数用途
$C_1/3C_3$	轻组分、中组分 C 原子比	区分油气区
$(C_1+2C_2)/(4C_4+5C_5)$	轻组分、重组分 C 原子比	区分油气区
$3C_3/(4C_4+5C_5)$	中组分、重组分 C 原子比	区分油气水区
$C_1/(C_1+C_2+C_3+C_4+C_5)$	甲烷占所有组分的比重	区分油气区
$100(C_1+C_2)/(C_4+C_5)^3$	轻重比	区分油气水区
$10C_1/(C_2+C_3)^2$	轻中比	区分油气区
$[10C_1/(C_2+C_3)^2]/[100(C_1+C_2)/(C_4+C_5)^3]$	轻中比与轻重比	区分油水或油气
$[100(C_1+C_2)/(C_4+C_5)^3]/[(C_4+C_5)^2/C_3]$	轻重比与重中比	区分油水或油气
$[10C_1/(C_2+C_3)^2]/[(C_4+C_5)^2/C_3]$	轻中比与重中比	区分油气水区

2) 流体相散点图法适用性

流体相散点图法利用上述 9 组评价参数进行投点归类、规律统计，其参数图版可有效评价油、气、水。在涠西南、乌石、文昌 A 及东方四个地区进行了适用性评价。每个层组均可通过 9 组评价参数图版中多个图版区分油、气、水，最少有 2 个图版，最多有 6 个（表 2.5）。如果油层含水或气层含水，均可见其轻组分与重组分组合的图版上轻组分明显较大，即 $10C_1/(C_2+C_3)^2$、$C_1+2C_2/4C_4+5C_5$、$[10C_1/(C_2+C_3)^2]/[(C_4+C_5)^2/C_3]$ 值较大。四个区域的流体相散点图法适用性见表 2.6。

表 2.5、表 2.6 中，"O"表示油，"G"表示气，"W"表示水，"OW"表示含油水，"X"表示不适用。

表 2.5 流体相散点图法解释参数

区块	层组	区分流体	有效图版数	含水指数 $10C_1/(C_2+C_3)^2$	含水指数 $100(C_1+C_2)/(C_4+C_5)^3$
涠西南	WZ	O/OW	5	—	—
	L1	O/W	2	>200	—
	L2	O/W	6	>55	—
	L3	O/G/W	5	>150	HM<0.13
乌石	WZ	O/W	4	>32	HM<0.25
	L2	O/W	6	>75	HM<0.15
	L3	O/W	5	>100	HM<0.16
文昌 A	ZH	O/G	4	—	—
		O/W	5	>50	HM<0.1
	ZJ	O/G	2	—	—
东方	HL	G/W	5	>14500	—

表2.6　流体相散点图法解释图版适用性

评价参数 ＼ 区块层组	润西南				乌石			文昌A			东方
	WZ	L1	L2	L3	WZ	L2	L3	ZH		ZJ	HL
$C_1/3C_3$	O/OW	参考	O/W	O/G	参考	参考	参考	O/G	参考	O/G	G/W
$(C_1+2C_2)/(4C_4+5C_5)$	O/OW	参考	X	X	O/W	O/W	O/W	O/G	O/G	O/G	G/W
$3C_3/(4C_4+5C_5)$	参考	X	O/W	X	参考	O/W	O/W	参考	参考	X	参考
$C_1/(C_1+C_2+C_3+C_4+C_5)$	参考	参考	O/W	参考	参考	参考	X	参考	参考	参考	参考
$100(C_1+C_2)/(C_4+C_5)^3$	O/OW	X	参考	X	X	参考	X	O/G	参考	参考	G/W
$10C_1/(C_2+C_3)^2$	X	X	O/W	O/G	X	参考	X	X	X	X	G/W
$[10C_1/(C_2+C_3)^2]/[100(C_1+C_2)/(C_4+C_5)^3]$	O/OW	O/W	O/W	O/W	O/W	O/W	O/W	O/W	O/W	X	X
$[100(C_1+C_2)/(C_4+C_5)^3]/[(C_4+C_5)^2/C_3]$	O/OW	X	参考	O/W	O/W	O/W	O/W	O/W	参考	X	X
$[10C_1/(C_2+C_3)^2]/[(C_4+C_5)^2/C_3]$	X	O/W	O/W	O/W	O/W	O/W	O/W	参考	参考	X	G/W

2.2.2　流体相星型图法及图版

多元数据的图分析法是一种重要的统计方法，统计的规律更细、更准，但因变量太多而难以形成大规模的类同。本研究使用的星型图法是将5个变量在一个平面上从同一起点向5个方向映射，再将5个变量值中相邻的两点互相连接而形成星型图，从图的形态来分析流体相的相态。

1）流体相星型图法参数

流体相星型图法应用的5个变量参数分别是 C_1/C_2、C_1/C_3、C_2/C_3、C_2/iC_4、C_3/iC_4，代表了烃组分中甲烷与乙烷、甲烷与丙烷、乙烷与丙烷、乙烷与异丁烷、丙烷与正丁烷之间的比值大小，连线的形态即代表流体相的相态，如图2.6所示。

2）流体相星型图法适用性

流体相星型图法在录井油气评价中应用于判断油气水、判断不同层位之间流体相是否归属同一相态，进行烃源归类。但由于同一地质区域内不同层之间流体类型及流体相态差异较大，无法应用同一图版进行流体相解释，只有通过邻井流体相进行分析对比判断才能更真实更准确地判断流体类型。例如北部湾盆地涠西南流一段，油层、含油水及水层图版如图2.7所示。图版上部分水层流体相与油层重合，油层流体相包含面积较大。

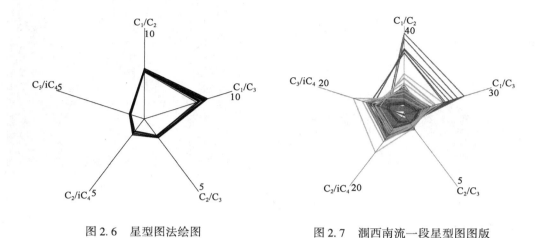

图 2.6　星型图法绘图　　　　　图 2.7　涠西南流一段星型图图版

2.3　三维定量荧光解释方法及图版

2.3.1　三维定量荧光技术介绍

1）基本原理

三维定量荧光分析仪是对录井现场岩屑、岩心、井壁取心样品进行定量荧光分析的光学仪器，它利用石油的荧光特性，通过检测样品的荧光光谱得到样品荧光波长、含油浓度、对比级等参数。可通过这些参数绘制随井深变化的石油浓度荧光录井图。该仪器可识别荧光波长在 340nm 以下的轻质油，消除钻井液添加剂的荧光干扰，较好地解决了常规录井中肉眼观察无法识别的荧光且荧光观测结果受人为因素影响较大等一些问题。

三维定量荧光图谱包括三维立体图谱和指纹图谱，直观反映被测物质荧光特征全貌，如图 2.8 所示，图中 Em 为发射波长，Ex 为激发波长。二维荧光图谱为平面曲线图谱；三维立体图是由多条（连续激发波长扫描出的）二维曲线叠加而成，如果需要，可任意提取出不同波长的二维平面曲线图谱。三维图和指纹图都是由蓝、青、绿、黄、红五种颜色的区块组成，红色区域代表是图谱的顶峰也就是荧光强度最强的区域，根据顶峰的位置或图形形态来辨别样品的油性或其他荧光物质。可根据三维定量荧光图谱库进行指纹图谱的对比和识别。

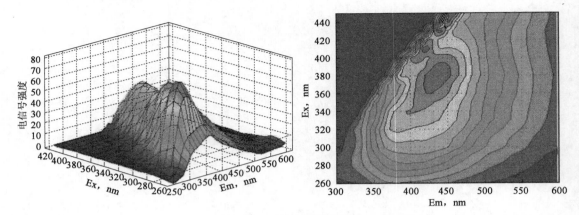

图 2.8　三维定量荧光图谱

2）质量控制

（1）标准油样的选取。

应选取与设计井为同一地区、同一构造、同一层位临近井的原油样品作为标准油样；区域探井可选取与设计井地质年代相同临近井的原油样品作为标准油样。

（2）仪器的标定。

按仪器操作规程的标准进行标定，标准工作曲线线性响应相关性系数应大于 0.99；按定量荧光录井作业标准程序，在每一录井段开始前，对仪器设备进行一次校验，确保仪器工作正常，数据正确。

（3）钻井液添加剂荧光分析。

对所有入井钻井液添加剂进行荧光分析，并保存图谱，确定背景值；在进入设计要求的录井井段之前，挑选邻近录井段之上的储层岩样进行荧光分析，作为背景值；样品的选取与分析应执行行业技术标准。

3）解释参数确定

三维定量荧光测量的参数有荧光波长、荧光强度、油性指数、对比级、含油浓度，每个测量参数代表了不同的意义，解释如下：

（1）荧光波长（λ）。

荧光波长有主峰激发波长、主峰发射波长、次峰激发波长、次峰发射波长之分。

荧光波长反映原油中不同烃类物质的出峰位置。主峰发射波长在 300～350nm 范围的荧光代表轻质油成分；主峰发射波长在 350～400nm 范围内的荧光代表中质油成分；主峰发射波长大于 400nm 的荧光代表重质油成分。

（2）荧光强度（F）。

荧光强度为原油中荧光物质所发射荧光的强弱，反映的是被测样品中荧光物质的多少。

（3）含油浓度（C）。

含油浓度为单位样品中荧光物质的含油浓度，反映被测样品中的含油气丰度。

（4）对比级（N）。

对比级为单位样品中荧光物质所对应的荧光系列对比级别，反映岩石样品中含油量多少，与含油浓度存在一定的数学关系。

$$N = 15 - (4 - \lg C)/0.301 \qquad (2.1)$$

（5）油性指数。

油性指数代表中质油成分中最大荧光峰的强度值与代表轻质油成分中的最大荧光强度值之比，它反映的是油质的轻重。

通过对三维定量荧光所测量的参数进行敏感性分析，确定使用发射波长、激发波长、含油浓度、对比级之间的相关性对三维定量荧光技术进行油气水解释。

2.3.2　三维定量荧光解释方法及解释图版

1）标准原油三维定量荧光参数优选

（1）标准原油的图谱特征参数优选。

分析北部湾盆地、珠江口盆地、莺歌海盆地3个盆地、8个凹陷和凸起，包括珠江组、珠海组、角尾组、涠洲组、流沙港组、陵水组、黄流组、梅山组8个组、15个层位的71口井标准油样图谱性质，得到不同区块层位原油的图谱特征参数范围，并且依据图谱特征，优选出三维定量荧光技术敏感参数——激发波长、发射波长。

（2）不同原油性质三维定量荧光划分标准。

从众多井中优选出67口井的75个标准原油样品，其中挥发油9口井16个样品、轻质油43口井44个样品、中质油10口井10个样品、重质油5口井5个样品。根据这些样品的原油物理性质以及三维定量荧光测试数据，建立不同原油性质波长分布标准（表2.7）及图版（图2.9）。

表2.7　不同原油性质波长划分标准

原油性质	原油密度 g/cm³	主峰范围	
		最佳激发波长，nm	最佳发射波长，nm
气层	0.65 ~ 0.75	270 ~ 290	300 ~ 330
凝析油	0.75 ~ 0.80	280 ~ 290	315 ~ 336
挥发油	<0.83	280 ~ 310	324 ~ 370
轻质油	0.83 ~ 0.87	290 ~ 320	333 ~ 380
中质油	0.87 ~ 0.92	300 ~ 330	370 ~ 385
重质油	>0.92	310 ~ 330 或 365 ~ 380	380 ~ 385 或 420
稠油（>50mPa·s）		300 ~ 320	400 ~ 420

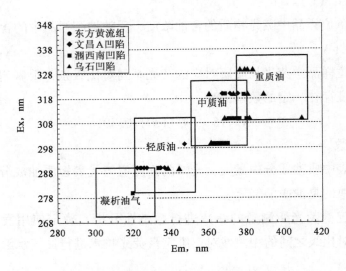

图 2.9 不同原油性质波长分布图

2）北部湾盆地不同流体性质三维定量荧光解释图版

北部湾盆地三维定量荧光解释图版综合涠西南凹陷与乌石凹陷，在建立此图版过程中，由于乌石凹陷的流一段没有新增数据，因此北部湾盆地流一段解释图版使用涠西南凹陷流一段解释图版。以下是对北部湾盆地涠洲组、流一段、流二段、流三段解释图版的详细阐述。

（1）涠洲组解释图版。

涠洲组测试数据共有 6 口井：WZ6－A－1d 井，测试 2 个点，第一个点 2588.8m，油 1175cm³，气 1.13cm³，测试结论为油层；第二个点 2744.80m，油 1000cm³，气 0.739cm³，测试结论为油层。WZ12－A－2 井，1463.50m，气极少量，水 840cm³，测试结论为水层。WZ6－A－1 井，测试 4 个点，1473.00m、1475.50m、1513.50m、1553.50m，测试结论均为油层。WS22－A－1 井涠洲组三段，2988.50m，含油水层。WS22－A－1 井涠洲组二段，2034.80m，油层。WS22－A－3 井涠洲组二段，2096.00m，油层。

涠洲组形成的三个解释图版如下：

①发射波长与含油浓度图版。

北部湾盆地涠洲组，油层的发射波长在（375±15）nm、（390±15）nm、（425±15）nm，含油浓度大于等于 43.02mg/L，对比级大于等于 7.1；含油水层的发射波长在（375±15）nm、（380±15）nm、（400±15）nm，含油浓度小于 43.02mg/L，对比级小于 7.1（图 2.10）。

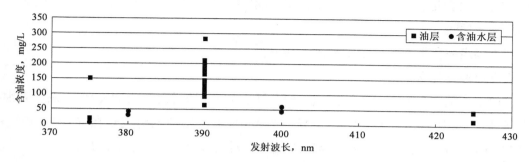

图 2.10 发射波长与含油浓度图版

②激发波长与含油浓度图版。

北部湾盆地涠洲组，油层的激发波长在（330±15）nm、（380±15）nm，含油浓度大于等于 43.02mg/L，对比级大于等于 7.1；含油水层的激发波长在（300±15）nm、（330±15）nm，含油浓度小于 43.02mg/L，对比级小于 7.1（图 2.11）。

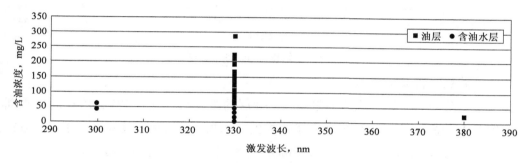

图 2.11 激发波长与含油浓度图版

③含油浓度与对比级图版。

北部湾盆地涠洲组，油层的含油浓度大于等于 43.02mg/L，对比级大于等于 7.1；含油水层的含油浓度小于 43.02mg/L，对比级小于 7.1（图 2.12）。

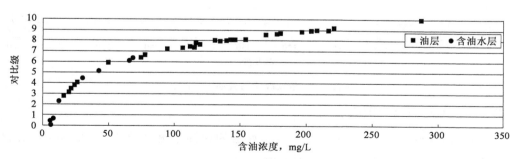

图 2.12 含油浓度与对比级图版

（2）流一段解释图版。

流沙港组一段有 1 口井的测试数据，WZ11-A-4 井，测试 2 个点：第一个点

2510.00m，气微量，水 840cm³，测试结论为水层；第二个点 2563.20m，水 840cm³，测试结论为水层。

流沙港组一段形成的三个解释图版如下：

①发射波长与含油浓度图版。

涠西南凹陷一号断裂带流沙港组一段，油层的发射波长在（380±10）nm，含油浓度大于等于 46.16mg/L，对比级大于等于 7.2；含油水层的发射波长在（380±10）nm 或（420±10）nm，含油浓度小于 46.16mg/L，对比级小于 7.2（图 2.13）。

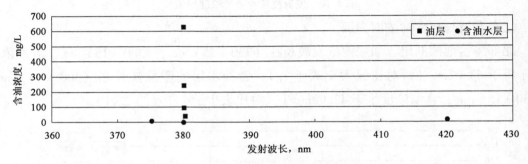

图 2.13　发射波长与含油浓度图版

②激发波长与含油浓度图版。

涠西南凹陷一号断裂带流沙港组一段，油层的激发波长在（325±10）nm，含油浓度大于等于 46.16mg/L，对比级大于等于 7.2；含油水层的激发波长在（325±10）nm 或（300±10）nm，含油浓度小于 46.16mg/L，对比级小于 7.2（图 2.14）。

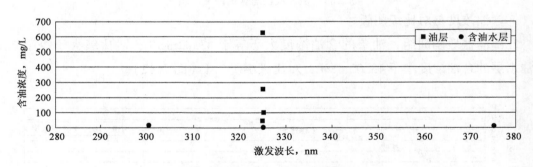

图 2.14　激发波长与含油浓度图版

③含油浓度与对比级图版。

涠西南凹陷一号断裂带流沙港组一段，油层的含油浓度大于等于 46.16mg/L，对比级大于等于 7.2；含油水层的含油浓度小于 46.16mg/L，对比级小于 7.2（图 2.15）。

④涠西南凹陷流沙港组一段解释标准。

依据以上不同流体解释图版，建立流一段解释标准（表 2.8）。

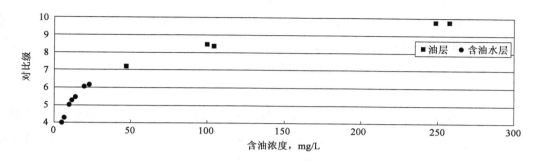

图2.15　含油浓度与对比级图版

表2.8　涠西南凹陷流一段三维定量荧光解释标准

流体性质	激发波长，nm	发射波长，nm	含油浓度，mg/L	对比级
油层	325 + 15	380 + 15	≥46.16	≥7.2
含油水层	325 + 15 或 300 + 15	380 + 15 或 420 + 15	<46.16	<7.2

（3）流二段解释图版。

北部湾盆地流沙港组二段，共有11口井测试数据：WZ12 – A – 1d 井三个测试点，第一个点 2577.00m，油 245m³、气 0.702cm³，试油结论为油层；第二个点 2577.00m，油 1150m³、气 1.231cm³，试油结论为油层；第三个点 2534.50m，油 1500cm³、气 1.465cm³，试油结论为油层。WZ12 – A – 3 井两个测试点，第一个点 2048.00m，油 745m³、气 2.26cm³，试油结论为油层；第二个点 2048.00m，油 820m³、气 1.96cm³，试油结论为油层。WZ12 – A – 2 井四个测试点，第一个点 2308.00m，油 600m³、气 1.5cm³，试油结论为油层；第二个点 2308.00m，油 600m³、气 1.5cm³，试油结论为油层；第三个点 2320.50m，油 600m³、气 2.0cm³，试油结论为油层；第四个点 2320.50m，油 600m³、气 1.9cm³，试油结论为油层。WZ12 – A – 4 井两个测试点，第一个点 2151.50m，油 500m³、气 1.81cm³，试油结论为油层；第二个点 2151.50m，油 700m³、气 1.92cm³，试油结论为油层。WZ12 – A – 6 井三个测试点，第一个点 2124.50m，水 3780cm³，试油结论为水层；第二个点 2189.50m，油 500cm³、水 300cm³，试油结论为油水同层；第三个点 2189.50m，油 700cm³、水 100cm³，试油结论为油水同层。WZ12 – A – 6井一个测试点，2740.00m，油 400cm³、水 350cm³，试油结论为油水同层。WS1 – A – 1井一个测试点，1775.50m，油 840m³、水 1.23m³，试油结论为油层。WS17 – A – 8Sa 井两个试油井段 2263.00 ~ 2274.00m、2282.00 ~ 2296.00m，产油 138m³/d，试油结论为油层。WS17 – A – 9 井，2252.00m，油 1250m³、气 0.141m³，试油结论为油层。WS17 – A – 10 井两个测试点，第一个点 2303.00m，840cm³水和滤液，试油结论为含油

水层；第二个点 2463.00m，840cm³ 水和滤液，试油结论为含油水层。WS17 – A – 14 井两个测试点，第一个点 2639.80m，1500cm³ 水和滤液，试油结论为含油水层；第二个点 2656.20m，油 420m³，试油结论为油层。

流沙港组二段形成的三个解释图版如下：

①发射波长与含油浓度图版。

北部湾盆地流沙港组二段，油层的发射波长在 340～375nm，含油浓度大于等于 15mg/L，对比级大于等于 5.5；含油水层的发射波长在（375±15）nm、（400±15）nm、（425±15）nm，含油浓度小于 15mg/L，对比级小于 5.5（图 2.16）。

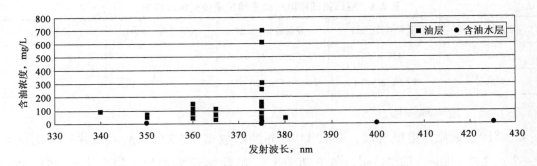

图 2.16 发射波长与含油浓度图版

②激发波长与含油浓度图版。

北部湾盆地流沙港组流二段，油层的激发波长在 290～330nm，含油浓度大于等于 15mg/L，对比级大于等于 5.5；含油水层的激发波长在（300±15）nm、（320±15）nm、（340±15）nm，含油浓度小于 20mg/L，对比级小于 5.5（图 2.17）。

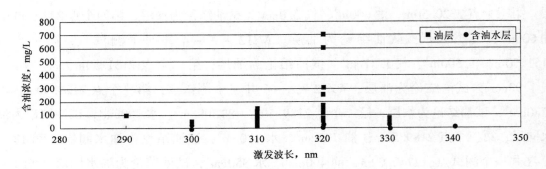

图 2.17 激发波长与含油浓度图版

③含油浓度与对比级图版。

北部湾盆地流沙港组流二段，油层的含油浓度大于等于 15mg/L，对比级大于等于 5.5；含油水层的含油浓度小于 15mg/L，对比级小于 5.5（图 2.18）。

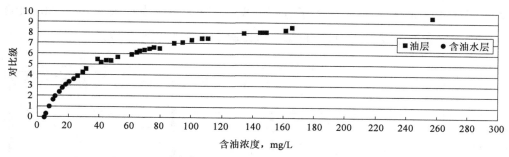

图 2.18　含油浓度与对比级图版

（4）流三段解释图版。

北部湾盆地流沙港组三段，共有 10 口井测试数据：WZ12 – A – 6 井一个测试点，2964.50m，油 800cm³，测试结论为油层。WZ10 – A – 1 井四个测试数据点，第一个点 2286.50m，油 230cm³、水 450cm³，测试结论为油水同层；第二个点 2286.50m，油 550cm³、气 200cm³，测试结论为油气层；第三个点 2313.20m，微量油花、水 820cm³，测试结论含油水层；第四个点 2313.20m，极少量油花、水 830cm³，测试结论为含油水层。WZ6 – A – 1 井两个测试点，第一个点 3564.48m，油 230cm³、气 0.06cm³、水 120cm³，测试结论为油水同层；第二个点 3564.68m，油 320cm³、气 0.11cm³、水 100cm³，测试结论为油水同层。WZ11 – A – 1 井三个测试点，第一个点 2981.50m，油 680cm³、气 1.585cm³，测试结论为油层；第二个点 3057.50m，少量油花、水 800cm³，测试结论为含油水层；第三个点 3057.50m，少量油花、气 0.22cm³、水 480cm³，测试结论为含油水层。WZ11 – A – 1 井两个测试点，第一个点 3165.00m，测试结论为油气同层；第二个点 3343.50m，测试结论为油层。WS1 – 6 – 1 井两个测试点，第一个点 1793.00m，油 840cm³、水 1.39cm³，测试结论为油层；第二个点 1805.00m，油 840cm³、水 1.22cm³，测试结论为油层。WS17 – A – 8 井两个测试点，第一个点 2382.50m，油 30cm³、气 2.08cm³，测试结论为差油层；第二个点 2467.50m，油 300cm³、气 0.332cm³，测试结论为油层。WS17 – A – 8Sa 井 2486.00～2520.00m 两开试油，一开油嘴 6.35mm，日产油 90～119m³，密度 0.8143g/cm³，日产气 1.4×10⁴～1.5×10⁴m³，气油比为 126；二开油嘴 4.76mm，日产油 52～53.5m³，油密度 0.8143g/cm³，日产气 7700m³，气油比为 144，试油结论油气层。WS17 – A – 9 井一个测试点，2773.50m，油 140cm³，330cm³ 钻井液滤液，测试结论为油层。WS17 – A – 14 井一个测试点，2934.00m，见少量油花，420cm³ 水和滤液，测试结论为含油水层。

流沙港组三段形成的三个解释图版如下：

①发射波长与含油浓度图版。

北部湾盆地流沙港组流三段，油层的发射波长在（360±15）nm、（375±15）nm，含油浓度大于等于 16.7mg/L，对比级大于等于 5.8；含油水层的发射波长在（350±15）nm、（380±15）nm，含油浓度小于 16.7mg/L，对比级小于 5.5（图 2.19）。

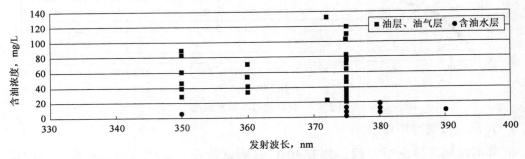

图 2.19　发射波长与含油浓度图版

②激发波长与含油浓度图版。

北部湾盆地流沙港组流三段，油层的激发波长在（300±15）nm、（320±15）nm，含油浓度大于等于 16.7mg/L，对比级大于等于 5.8；含油水层的激发波长在（300±15）nm、（330±15）nm、（400±15）nm，含油浓度小于 16.7mg/L，对比级小于 5.8（图 2.20）。

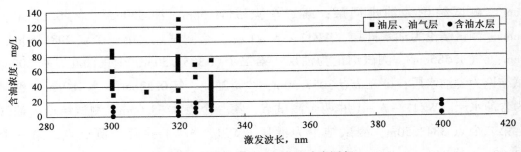

图 2.20　激发波长与含油浓度图版

③含油浓度与对比级图版。

北部湾盆地流沙港组流三段，油层的含油浓度大于等于 16.7mg/L，对比级大于等于 5.8；含油水层的含油浓度小于 16.7mg/L，对比级小于 5.8（图 2.21）。

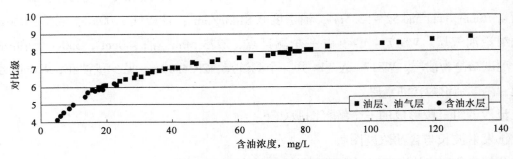

图 2.21　含油浓度与对比级图版

3）珠三南断裂带三维定量荧光解释图版

（1）珠三南断裂带三维定量荧光解释图版数据筛选。

珠三南断裂带共收集 3 口井的测试数据，测试数据点 9 个，对应三维解释井段 9 层，解释符合 7 层，解释符合率 77.8%。符合率满足解释图版统计要求，解释标准见表 2.9。

表 2.9 涠西南凹陷流一段三维定量荧光解释标准

地区	井号	测试井深 m	层位	油	气	水	解释井段，m	解释结论	符合情况
1	WC10-A-1	3349.50（第 1 个样品）	珠江组二段		5.32ft³	50mL 水和滤液，有油味	3342.00~3265.00	气水同层	√
		3798.50（第 1 个样品）	珠海组三段		5.05ft³	60mL 水和滤液	3778.00~3806.00	气水同层	√
		3971.00（第 1 个样品）	珠海组三段	650mL 油，褐色，较稀	1.55ft³	微量水和滤液	3962.00~3978.00	油气层	√
		3835.00~3880.00	珠海组三段	三开 103.3m³/d 油，33550m³/d 气			3835.00~3888.00	气层	√
		3963.00~3976.00					3962.00~3978.00	油气层	√
2	WC14-A-1d	2560.3	珠海组一段		2.054ft³ 气	微量水和滤液	2554.00~2569.00	油气同层	√
		2904	珠海组三段	30mL 油	2.82ft³ 气	60cm³ 滤液	2895.00~2910.00	差油层	√
3	WC19-A-2d	1987.7	珠海组二段	见油花		420mL 水和滤液	1987.00~1997.00	油层	√
		2244	珠海组二段	420mL 油	微量气	少量水和滤液	2243.00~2248.00	差油层	√

（2）珠三南断裂带不同流体性质划分解释标准及图版的数据采集分析。

珠三南断裂带共收集 3 口井的测试数据、测试数据点 9 个：WC10-A-1 井珠江组二段一个测试数据，3349.50m，气 5.32ft³、50mL 水和滤液，有油味，测试结论为气水同层；珠海组三段 2 个测试点，3798.50m，气 5.05ft³、60mL 水和滤液，测试结论为气水同层，3971.00m，油 650mL、气 1.55ft³，测试结论为油层；2 个试油井段 3835.00~3880.00m，3963.00~3976.00m，三开 103.2m³/d 油，33550m³/d 气，试油结论为油气层。WC14-A-1d 井测试 2 个点，珠海组一段 1 个测试数据，2560.30m，气 2.054ft³、微量水和滤液，测试结论为水层，珠海组三段 1 个测试数据，2904.00m，30mL 油、气 2.824ft³、60mL 水和滤液，测试结论为油层。WC19-A-2d 井珠海组二段测试 2 个点，

1987.70m，见油花、420mL 水和滤液，测试结论为含油水层；2244.00m，油 420mL、微量气、少量水和滤液，测试结论为油层。

（3）珠三南断裂带不同流体性质划分图版及标准。

珠江组、珠海组统一建立的三个解释图版如下：

①发射波长与含油浓度图版。

珠三南断裂带，气层的发射波长在（325±10）nm，含油浓度大于等于 8.58mg/L，对比级大于等于 4.8；油层的发射波长在（350±10）nm，含油浓度小于 16.94mg/L，对比级小于 5.8；含气水层的发射波长在（375±10）nm 或（425±10）nm，含油浓度大于等于 8.58mg/L，对比级大于等于 4.8（图 2.22）。

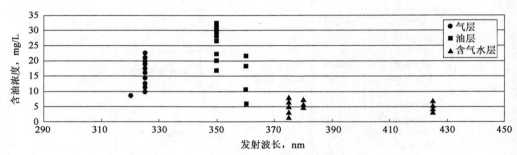

图 2.22　发射波长与含油浓度图版

②激发波长与含油浓度图版。

珠三南断裂带，气层的激发波长在（290±10）nm，含油浓度大于等于 8.58mg/L，对比级大于等于 4.8；油层的激发波长在（300±10）nm，含油浓度小于 16.94mg/L，对比级小于 5.8；含气水层的激发波长在（300±10）nm 或（320±10）nm，含油浓度大于等于 8.58mg/L，对比级大于等于 4.8（图 2.23）。

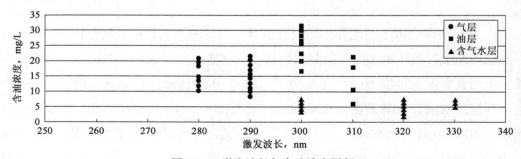

图 2.23　激发波长与含油浓度图版

③含油浓度与对比级图版。

珠三南断裂带，气层的含油浓度大于等于 8.58mg/L，对比级大于等于 4.8；油层的含油浓度小于 16.94mg/L，对比级小于 5.8；含气水层的含油浓度大于等于 8.58mg/L，对比级大于等于4.8（图2.24）。

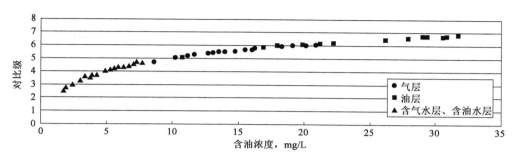

图2.24　含油浓度与对比级图版

④珠三南断裂带解释标准。

依据上面的不同流体解释图版，建立珠三南断裂带解释标准（表2.10）。

表2.10　珠三南断裂带解释标准

流体性质	激发波长，nm	发射波长，nm	含油浓度，mg/L	对比级
气层	290±15	325±15	≥8.58	≥4.8
油层	300±15	350±15	≥16.94	≥5.8
含气水层、含油水层	320±15 或 300±15	375±15 或 425±15	≤8.58	≤4.8

（4）珠三南断裂带油气显示波长分布规律。

珠三南断裂带油气显示波长分布范围（表2.11），气层激发波长（290±15）nm，发射波长（325±15）nm；油层激发波长（300±15）nm，发射波长（350±15）nm；水层激发波长（320±15）nm，发射波长（375±15）nm。

表2.11　珠三南断裂带油气显示波长分布规律表

流体性质	油气特征	
	激发波长，nm	发射波长，nm
气层	290±15	325±15
油层	300±15	350±15
水层	320±15	375±15

从油气显示层分布范围可以看出，气层的波长数偏小，油层的波长数较大于气层，含气水层波长偏大，这个主要是受钻井液的影响，反映的是钻井液对岩屑残留的痕迹。珠三南断裂带油气显示波长分布规律见图2.25。

2.3.3　三维定量荧光数据解析及二次处理

1）三维定量荧光数据解析

单点定量荧光分析是采用定激发波长（254nm）、固定发射波长（320nm）来进行荧

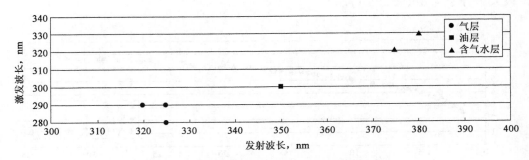

图 2.25 珠三南断裂带油气显示波长分布规律图

光测试，而二维定量荧光分析是在单点定量荧光录井仪的工作原理上加以改进，采用分光技术，将发射波长从原来固定的 320nm 光波改为 260~800nm 进行波长扫描，并给出每次扫描的二维荧光图谱（横坐标为发射波长，纵坐标为荧光强度）。与二维定量荧光分析相似，三维定量荧光对激发波长也采用分光技术，当用不同波长的激发光对样品进行照射时就测得了不同的二维光谱，多个二维光谱叠加就生成了三维光谱。采用不定激发波长（200~800nm），不定发射光波长（260~800nm），可测取"激发波长—发射光波长—荧光强度"的三维定量荧光数据。由三维定量荧光分析仪输出的三维定量荧光录井数据即是由"激发波长—发射光波长—荧光强度"为主体构成的一个二维矩阵数据（26×256），解析该二维矩阵数据是三维定量荧光录井解释软件的基础。

解析三维定量荧光二维矩阵数据后，软件采用了 VTK 三维引擎进行三维定量荧光图谱绘制。VTK 是用于可视化应用程序构造与运行的支撑环境，它是在三维函数库 OpenGL 的基础上采用面向对象的设计方法发展起来的，VTK 三维场景 vtkRenderer 支持三维定量荧光图的曲面绘制、坐标轴绘制、标注绘制，以及二维、三维投影效果。

采用 VTK 技术绘制的三维定量荧光图谱包括三维立体图谱和指纹图谱，能够直观反映样品荧光的全部特征，不仅如此，在三维立体图中还可以根据具体需要提取出不同波长的二维平面曲线图谱。以发射波长为横坐标，以激发波长为纵坐标，以荧光强度为 z 坐标，便形成了三维定量荧光光谱图；将三维定量荧光光谱图在 Ex—Em 平面上投影，即可得到三维定量荧光检测的等值线光谱图，通常称为指纹图（图 2.26）。

2）三维定量荧光数据二次处理

由于原始数据主峰波长是依据标准油样图谱中最佳激发波长来确定的，所以当样品与标准油样在油质上稍有区别时，该样品主峰与标准原油主峰位置将存在偏差，其计算油性指数、相当油含量中利用"最佳激发波长、最佳发射波长"对应的荧光强度参数值失真。通过对样品图谱进行二次处理，人工干扰其寻找样品真正的主峰或次峰后应用于

井名:WC14-3N-1d　深度:1720m　　　井名:WC14-3N-1d　深度:1720m

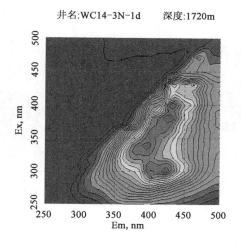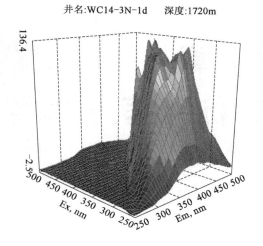

图 2.26　指纹图与 3D 图显示效果

计算其他参数，才能获得最真实的样品三维定量荧光信息。对样品信息的二次处理是本项目研究在三维定量荧光技术上的创新。

　　数据二次处理借助于软件的能力，在指纹图上圈定主峰、次峰的大概范围，软件即可快速搜索出最强荧光强度的位置，即真实主峰或次峰位置。然后选择计算相当油含量所利用的公式（原油图谱库）进行"重新计算"，即完成二次处理。二次计算后的数据也保留在数据列表中用于解释评价。

　　在"重新计算"对话框中选择图版文件，点击"计算"按钮，将会进行二次计算，并且结果保留到数据列表中，如图 2.27 所示。

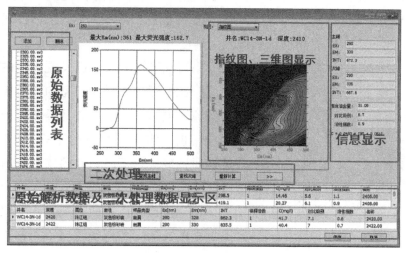

图 2.27　三维定量荧光数据解析及二次处理显示（软件截图）

第3章
低孔渗储层流体类型识别技术

油气层流体识别是测井解释的核心，也是最难把握的技术之一。由于致密砂岩油气藏储层物性差、孔隙结构复杂、基质孔隙度较低，用常规测井方法难以有效评价储层的孔隙结构；并且在测井响应特征上，岩石骨架的贡献远远大于流体；再者，相似的物性、电性特征，储层内的流体也可能存在很大的差异。这些因素都增加了油气水层判别难度，使得以往的解释图版和解释方法不能完全满足测井解释的需求，一定程度上制约着致密砂岩储层的勘探开发，因此寻求新的油气层识别技术成为急需解决的问题。

一般地，在纯砂岩条件上，电阻率与孔隙度构成的多机制交会图版直观地显示地层含油性（图3.1），而在低孔低渗透储层条件下，由于受钻井液的侵入、岩性、地层水矿化度、孔隙结构特征等因素的影响，使油水差异减小，部分高电阻率水层和低电阻率油层在该交会图中难以识别。因此需要融合多种信息，寻找对油气层敏感的综合参数，并合理搭配不同参数，以提高油气水层判别精度。

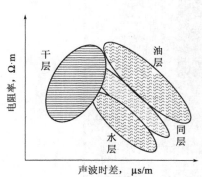

图3.1 正常情况下油水层分布规律

当前，中海油湛江分公司已发现很多的低孔、低渗砂岩油气层，比如近年来最为典型的文昌A区珠海组和润洲地区的流沙港组。为了提高此类储层流体性质识别的准确度与精度，需研究现有的DST测试、MDT取样以及相关地质资料，分析已钻井的气测资料、测井解释和试油解释成果，寻找适当参数，分地区、分层位建立相关的流体识别图版，以有效地解决此类识别难题。

图3.2至图3.7为利用文昌A区13口井的常规测井曲线结合14层DST测试结果作出的珠海组1段和珠

海组 2 段储层流体性质识别图版。

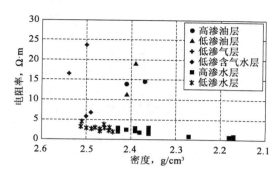

图 3.2　珠海组 1 段密度与电阻率交会图

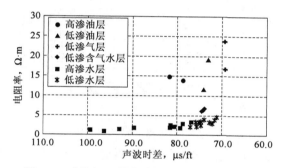

图 3.3　珠海组 1 段声波时差与电阻率交会图

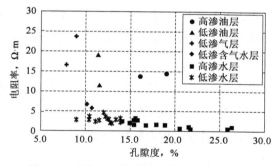

图 3.4　珠海组 1 段孔隙度与电阻率交会图

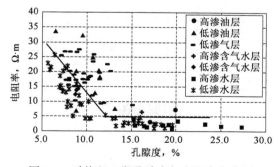

图 3.5　珠海组 2 段孔隙度与电阻率交会图

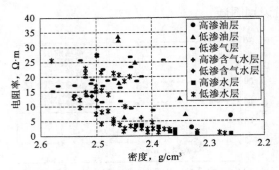

图 3.6　珠海组 2 段密度与电阻率交会图

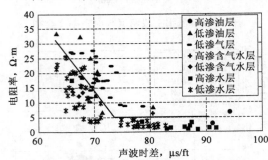

图 3.7　珠海组 2 段声波时差与电阻率交会图

图 3.2 至图 3.7 在流体识别上分区不是很明显，为此考虑加入气测资料。但由于文昌 A 区有些井缺乏相应的气测资料，建立交会图时使用整个区域的气测资料，图 3.8 和图 3.9 为结合气测资料得到的文昌 A 区珠海组流体性质识别图版。图中的 ϕ 为孔隙度，单位为 %；T_g 为气测全量，单位为 %；R_t 为地层电阻率，单位为 $\Omega \cdot m$，并且与章节后续图中物理量意义相同。

从图 3.8 和图 3.9 可以看出，不同流体类型的分区更明显，即图版对储层流体性质判别更敏感。除此之外，把孔隙度与电阻率综合成一个参数后，可以发现水层的 $1/\phi R_t$ 值明显高于油气层的值，并且油气层的 $1/\phi R_t$ 值是小于 1 的，因此对储层流体性质的识别效果更好（图 3.9）。

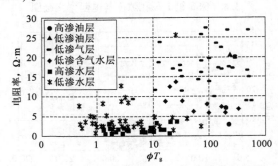

图 3.8　文昌 A 区珠海组 ϕT_g 与电阻率交会图

图 3.10 至图 3.15 为涠洲地区流沙港组 1 段和 3 段通过常规测井曲线与结合 DST 测

试结果作出的储层流体类型识别图版。

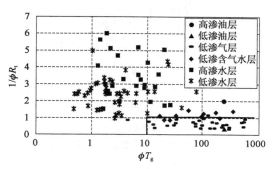

图 3.9 文昌 A 区珠海组 ϕT_g 与 $1/\phi R_t$ 交会图

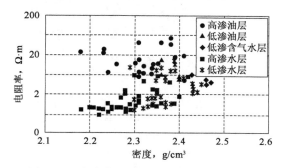

图 3.10 流沙港组 1 段密度与电阻率交会图

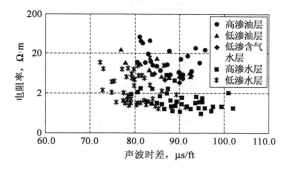

图 3.11 流沙港组 1 段声波时差与电阻率交会图

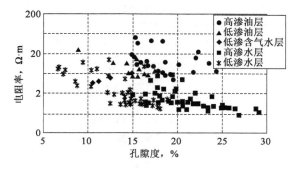

图 3.12 流沙港组 1 段孔隙度与电阻率交会图

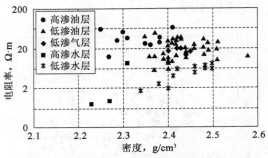

图 3.13　流沙港组 3 段密度与电阻率交会图

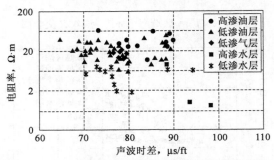

图 3.14　流沙港组 3 段声波时差与电阻率交会图

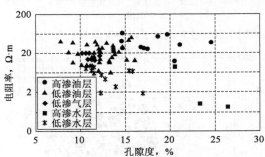

图 3.15　流沙港组 3 段孔隙度与电阻率交会图

　　图 3.10 至图 3.15 在流体识别上分区也不是很明显，同样考虑加入气测资料。图 3.16 和图 3.17 为流沙港组常规测井资料结合气测资料得到的流体类型识别图版，同样可以看出，分区重合样本点变少，图版对流体性质的识别效果明显。

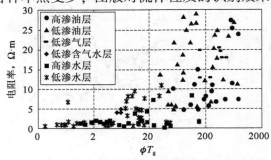

图 3.16　ϕT_{g} 与电阻率交会图

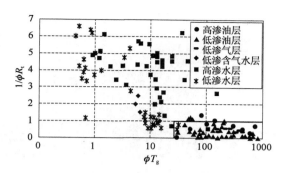

图 3.17 ϕT_g 与 $1/\phi R_t$ 交会图

通过以上两个低孔低渗区域的分析，得出结合常规测井、气测资料及 DST 测试结果作出的流体类型识别图版在流体性质的识别上效果更加明显，可以将以 $1/\phi R_t$ 与 ϕT_g 两个参数形成的图版应用于南海西部低孔低渗储层流体类型识别。

第4章
低孔渗储层参数定量评价技术

4.1　低孔渗储层孔隙结构测井评价技术

低孔低渗储层普遍具有孔隙度低、渗透率低及孔隙结构复杂的特点，增加了油气勘探的难度，影响了试油获得率的提高。大量的实际资料和研究表明，孔隙结构是控制油气藏流体分布和有效渗流能力的主要因素，它比宏观物性更能反映储层的本质特性，对储层的测井电性特征、产液性质和产能大小有着重要的影响。因此，精确掌握储层孔隙结构信息，认清其对宏观地球物理特性的影响，才能更有效地从各种地球物理资料中去伪存真、去粗取精，才能正确地评价储层特性及其开采价值，从而为寻找低孔渗储层中的甜点和提高油气层解释精度提供指导。

4.1.1　储层孔隙结构分类方法

储层是由固体骨架和储集空间组成的，而储集空间是由大小不等的孔隙、喉道所组成，颗粒之间的较大空间为孔隙，颗粒间连通孔隙的狭窄部分称为喉道。储层的孔隙结构是指岩石所具有的孔隙和喉道的几何形状、大小、分布及其相互连通关系，是影响储集岩的储集能力和渗流能力的关键因素，对储层的产液性质、产能大小和电测特征有重要的影响。低孔低渗储层的孔隙结构非常复杂，除了受岩石颗粒大小的影响外，还受到胶结成分和成岩作用等的影响。

在定量求取储层参数时，需要对具有不同孔隙结构的储层分类，使每一类储层在岩石物理特征上具有一定的共性。储层分类的重要参数是孔隙度和渗透率，孔隙度反映岩石储集空间的大小，而渗透率则反映储层孔隙空间的连通性和岩石的渗流能力，研究表明两者组合形成的地层流动带指数可以较有效地评价储层孔隙结构，式（4.1）为地层流动带指数（FZI）计算公式：

$$FZI = \sqrt{\frac{K}{\phi}} \frac{100 - \phi}{\phi} \tag{4.1}$$

式中 K——渗透率，mD；

ϕ——孔隙度，%。

图4.1为利用地层流动带指数对岩心进行分类后得到的孔隙度与渗透率关系图，图中的储层类型分类标准为：Ⅰ类，FZI > 8；Ⅱ类，4 < FZI < 8；Ⅲ类，1 < FZI < 4；Ⅳ类，0 < FZI < 1。由图可以看出，经过储层类型分类后，孔隙度与渗透率之间的相关关系变得更好，不同孔隙结构类型的储层具有不同的孔渗关系，说明地层流动带指数这个宏观的孔隙结构参数可以有效地反映储层微观的孔隙结构特征，能够准确地对不同孔隙结构的储层进行分类。除此之外，还能进一步得到这样的认识：孔隙度并不是决定孔隙结构好坏的决定因素；孔隙度大的岩石，孔隙结构未必好，而孔隙度小的，孔隙结构未必差。

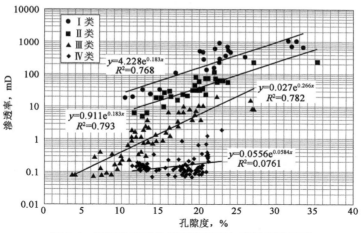

图4.1 不同孔隙结构类型孔隙度与渗透率关系图

图4.2至图4.5为经过地层流动带指数分类后不同孔隙结构储层的半渗隔板毛管压力曲线图。毛管压力曲线特征反映孔隙结构特征，曲线特征一致说明储层的孔隙结构特征一致，从图中看见，经过分类后，每一类储层的孔隙结构特征基本一致。图与图之间的对比可以明显地看出不同储层的品质好坏：图4.2中Ⅳ类储层品质最差，该类储层毛管压力曲线几乎没有台阶，当排替压力变化很大时，孔隙空间的流体含量变化很少，即孔隙中的流体很难被驱替，反映该类储层的喉道半径极细，多为一些没有渗流能力的微细喉道，因而该类储层的连通性很差，形成高束缚水饱和度、低渗透性的特征；图4.3为Ⅰ类储层的毛管压力曲线特征，此类储层多为高渗、优质储层，该类储层的毛管压力

曲线呈现 "L" 型特征，在低毛管压力值下，毛管压力曲线有一段很明显的台阶，说明使用很小的排替压力就能把孔隙中的大部分流体驱替出来，该类储层主要为大喉道，连通性好，因而具有高渗、低束缚水饱和度特征；虽然图 4.4 和图 4.5 同样是低渗储层，但是Ⅱ类储层的品质要比Ⅲ类的高，表现在Ⅱ类储层的毛管压力曲线在低毛管压力值下，其台阶过渡段更明显，也就说明Ⅱ类储层的大喉道数量要比Ⅲ类的发育，其连通性更好。

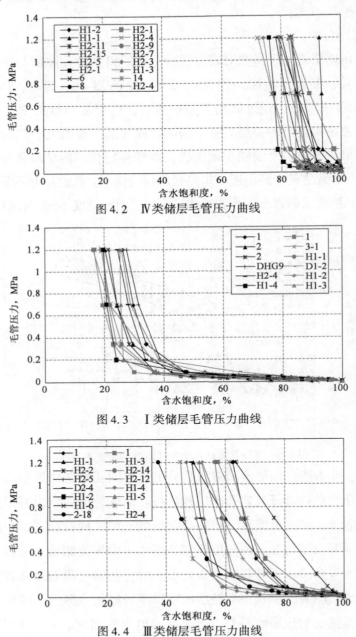

图 4.2　Ⅳ类储层毛管压力曲线

图 4.3　Ⅰ类储层毛管压力曲线

图 4.4　Ⅲ类储层毛管压力曲线

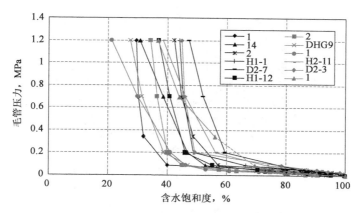

图4.5 Ⅱ类储层毛管压力曲线

图4.6至图4.9分别为不同储层类型的面孔率、泥质含量、束缚水饱和度以及中值半径频率分布图。其中，面孔率、泥质含量为铸体薄片分析结果，束缚水饱和度为半渗隔板实验所得，中值半径由核磁共振实验 T_2 几何平均值转换所得。由图可以明显看出，这四个宏观孔隙结构参数在不同孔隙结构的储层类型表现出不同的特征。Ⅰ类储层具有低泥质含量、低束缚水饱和度、高面孔率和中值半径大的特征；Ⅱ类和Ⅲ类储层在面孔率以及中值半径方面没有明显差别，而泥质含量和束缚水饱和度方面存在一定的差别，Ⅲ类储层这两个参数都稍微高于Ⅱ类储层；Ⅳ类储层具有高泥质含量、高束缚水饱和度、低面孔率和中值半径小的特征，参考相关的岩心岩性资料可以知道，此类储层的岩性一般都为泥质含量较高的泥质粉砂岩。从图也同样可以分析得到，Ⅳ类储层的低孔渗特征是由于高泥质含量以及喉道半径小这两个原因共同引起的，因此对此类储层参数定量评价时，要充分考虑泥质对储层参数计算结果的影响，建模时要消除泥质影响。而Ⅱ类和Ⅲ类储层的泥质含量较低，岩性较纯，因此其低渗的成因主要为喉道半径小，导致其渗流能力低。从图4.1可以看出，Ⅳ类储层的孔隙度较高，但是通过铸体薄片分析结果可以发现，这类储层的面孔率很低，说明此类储层发育的都是一些微细孔隙，由于缺少渗流能力，因此形成不动水孔隙。

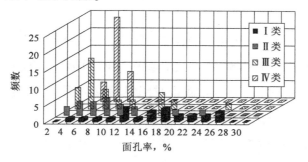

图4.6 不同储层类型面孔率频率分布图

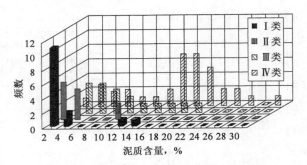

图 4.7　不同储层类型泥质含量频率分布图

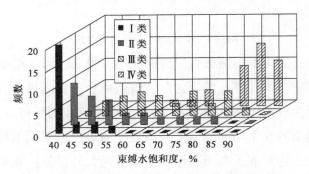

图 4.8　不同储层类型束缚水饱和度频率分布图

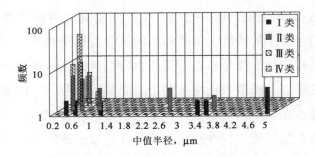

图 4.9　不同储层类型中值半径频率分布图

4.1.2　孔隙结构核磁共振测井评价方法

图 4.10 为饱和水孔隙的孔径大小与 T_2 弛豫时间关系图，由图可知当岩石饱含水时，若孔径越小，则弛豫时间越短，反之，则弛豫时间越长，即 T_2 谱的每一个 T_2 分量与孔隙尺寸成正比。因次，采用不同截止时间对核磁共振 T_2 谱进行孔隙度累积，将得到不同孔径大小的含量，进而对储层的孔隙结构进行分类。

前文根据地层流动带指数 FZI 这个值将岩心的孔隙结构类型分为了四类：Ⅰ类孔隙结构特征最好，排驱压力最小，只需较小的排替压力增量就可驱替较多的孔隙空间流体，毛管压力曲线的平缓部分最靠近横轴；Ⅳ类孔隙结构最差，排替压力较大，与其他类相比，相同的排替压力增量下，排替流体较小，驱替过程缓慢，毛管压力曲线的形态较为陡峭；Ⅱ类与Ⅲ类孔隙结构介于Ⅰ类与Ⅳ类之间，驱替速度慢于Ⅰ类，快于Ⅳ类。对上述四类孔隙结构的岩心样品，在饱含水时进行核磁共振 T_2 谱形态特征对比，分析其 T_2 谱之间的差别。

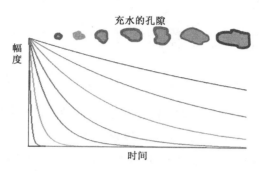

图 4.10 孔径大小与 T_2 弛豫时间关系图

图 4.11 至图 4.14 为四种孔隙结构储层类型的典型核磁共振 T_2 谱特征图，由图可见，Ⅰ类孔隙结构岩心 T_2 谱，其 T_2 谱主峰（幅度最大的峰）位置介于 $100 \sim 1000ms$ 之间；Ⅱ类孔隙结构的 T_2 谱主峰位置位于 $100ms$ 附近；Ⅲ类孔隙结构岩心的 T_2 谱主峰位置主要位于 $10ms$ 左右；Ⅳ类孔隙结构岩心的 T_2 谱主峰位置小于 $10ms$。由核磁共振测井孔隙度解释模型可知，一般认为 $T_2 = 3ms$ 前面的孔隙体积代表了岩石中黏土束缚水的含量。可以发现在这四类不同孔隙结构的储层中，Ⅳ类储层的黏土束缚水含量是最高的，Ⅲ类次之，Ⅰ类和Ⅱ类储层只含少部分黏土束缚水；T_2 谱上反映Ⅰ类储层的大孔径孔隙的组分含量最高，而Ⅲ类和Ⅳ类储层几乎没有大孔径孔隙组分。因此可知不同孔隙结构类型的储层在 T_2 谱上都有一定的特征，可以从 T_2 谱中提取一定的参数来识别不同孔隙结构的储层。

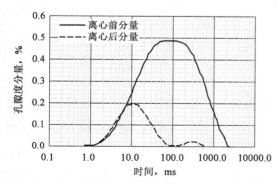

图 4.11 典型Ⅰ类储层核磁共振 T_2 谱特征

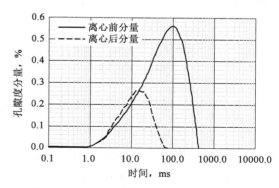

图 4.12 典型Ⅱ类储层核磁共振 T_2 谱特征

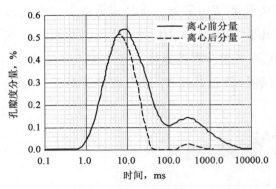
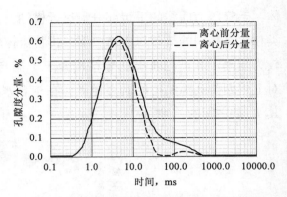

图 4.13 典型Ⅲ类储层核磁共振 T_2 谱特征　　图 4.14 典型Ⅳ类储层核磁共振 T_2 谱特征

图 4.15 和图 4.16 分别为低、高渗岩心的进汞量/渗透率贡献值与孔喉半径关系图，其中图 4.15 低渗样品的孔隙度为 17.8%，渗透率为 0.54mD；图 4.16 高渗样品的孔隙度为 24.5%，渗透率为 504mD。对比分析可知，两颗岩心的孔隙度差别不大，但是岩石的渗流能力却差别上千倍，低渗样品的渗透率贡献值峰值对应的孔喉半径在 1μm 左右，而高渗样品却在 10μm 附近，二者相差 10 倍左右。因此可知，孔隙度大小不能精确有效地反映储层渗透率，对储层渗透率起决定因素的是岩石的孔喉半径，储层岩石渗透率只是少部分相对较大孔道贡献的渗流通道，岩石孔道通过流体的能力是一个统计平均值，实际上大孔道对渗流和渗透率的贡献更大，而中、小孔隙对储集能力贡献更大一些。

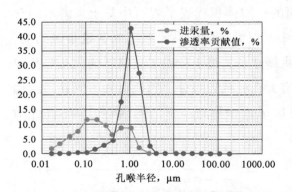
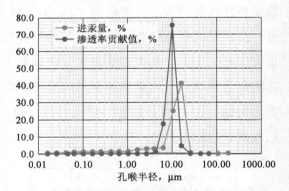

图 4.15 低渗储层进汞量/渗透率贡献值　　图 4.16 高渗储层进汞量/渗透率贡献值
　　　　与孔喉半径关系图　　　　　　　　　　　　　与孔喉半径关系图

综上所述，岩石的孔喉半径大小是决定储层渗透性、孔隙结构类型的关键因素，而储层的孔隙结构可通过 T_2 谱得到的各尺寸孔隙组分的含量及各组分间的相对大小进行判断。从 T_2 谱数据中定量提取三个参数 $\Phi3$、$\Phi10$、$\Phi100$，分别代表 3ms 以下、$3\sim10$ms 之间和 100ms 以上三种区间（或者说黏土束缚水、微细孔隙、大孔隙三种尺寸范围）的孔隙组分占总孔隙的比例。

　　图4.17至图4.28为四种孔隙结构类型储层的核磁共振 T_2 谱 $\Phi 3$、$\Phi 10$、$\Phi 100$ 直方分布图。对比分析可知,对于不同的孔隙结构类型,$\Phi 3$、$\Phi 10$、$\Phi 100$ 这三个值的相对大小变化是有一定的差别的:Ⅰ类孔隙结构具有一高二低的特征,即 $\Phi 100$ 最高,$\Phi 3$、$\Phi 10$ 低;而Ⅳ类则是二高一低的特征,即 $\Phi 100$ 最低,$\Phi 3$、$\Phi 10$ 最高;Ⅱ类岩心的 $\Phi 3$ 与 $\Phi 10$ 要比Ⅲ类的低;上述的特征是符合岩石物理规律的。由图4.10可知道当岩石饱含水时,其 T_2 谱的每一个 T_2 分量与孔隙尺寸成正比。因此,$\Phi 3$、$\Phi 10$、$\Phi 100$ 的相对大小反映了不同尺寸孔隙组分在总孔隙中含量的相对多少,如果 $\Phi 100$ 相对值越大,则在总孔隙中大尺寸孔隙组分的占比越多,那么岩石的孔隙结构越好。

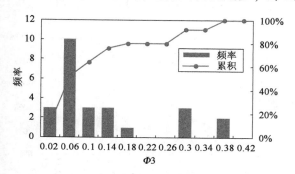

图4.17　Ⅰ类储层 $\Phi 3$ 分布直方图

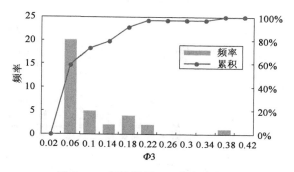

图4.18　Ⅱ类储层 $\Phi 3$ 分布直方图

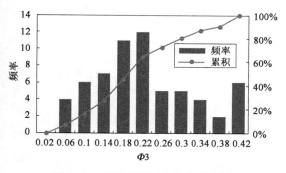

图4.19　Ⅲ类储层 $\Phi 3$ 分布直方图

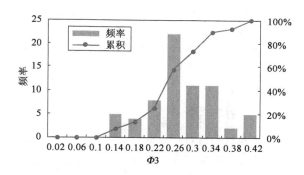

图4.20　Ⅳ类储层 $\Phi 3$ 分布直方图

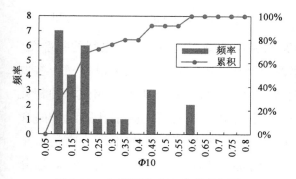

图4.21　Ⅰ类储层 $\Phi 10$ 分布直方图

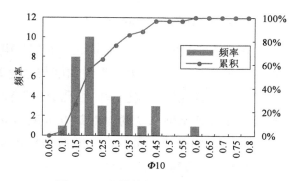

图4.22　Ⅱ类储层 $\Phi 10$ 分布直方图

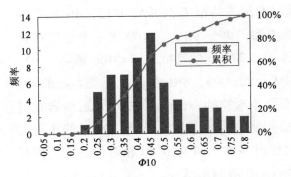

图 4.23 Ⅲ类储层 $\Phi 10$ 分布直方图

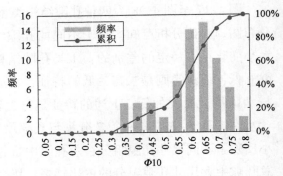

图 4.24 Ⅳ类储层 $\Phi 10$ 分布直方图

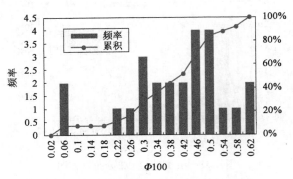

图 4.25 Ⅰ类储层 $\Phi 100$ 分布直方图

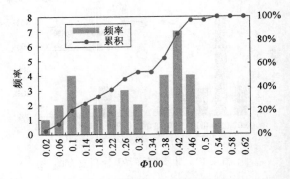

图 4.26 Ⅱ类储层 $\Phi 100$ 分布直方图

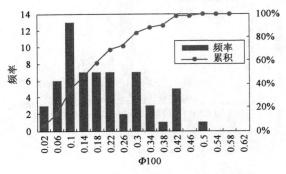

图 4.27 Ⅲ类储层 $\Phi 100$ 分布直方图

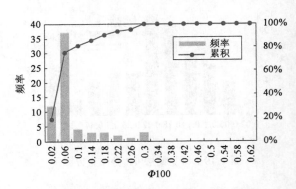

图 4.28 Ⅳ类储层 $\Phi 100$ 分布直方图

图 4.29 至图 4.32 分别为 $\Phi 3$、$\Phi 10$、$\Phi 100$ 和束缚水饱和度与渗透率之间的关系图，由图可见 $\Phi 3$、$\Phi 10$ 和束缚水饱和度与渗透率都成负相关的关系，也就是说这三个参数一定程度上都能揭示储层中微细孔隙的发育程度，由图还可以看出 $\Phi 10$ 与渗透率的相关性要好于束缚水饱和度的，由此也可说明 $\Phi 10$ 可以有效代表岩石中微细孔隙组分的含量。从图 4.31 可见，$\Phi 100$ 与渗透率呈正相关的关系，但是相关系数不高，这是由于 $\Phi 100$ 代表了储层中大孔隙的组分，岩石的孔隙空间是由孔隙和喉道组成的，$\Phi 100$ 组分含量只是代表了岩石中大孔隙的相对含量，而喉道则是决定岩石渗透性的主要因素。

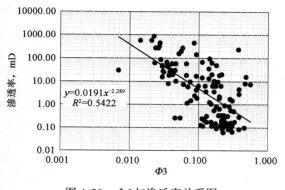

图4.29 $\Phi3$ 与渗透率关系图

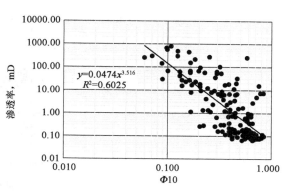

图4.30 $\Phi10$ 与渗透率关系图

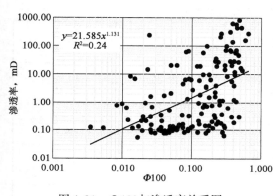

图4.31 $\Phi100$ 与渗透率关系图

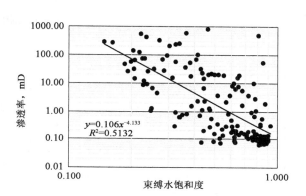

图4.32 束缚水饱和度与渗透率关系图

综合以上分析，从 T_2 谱信息提取的 $\Phi3$、$\Phi10$、$\Phi100$ 这三个参数可以有效地对不同孔隙结构的储层进行分类，通过对这三个参数在不同孔隙结构储层呈现的特征进行分析，最终构建出一个核磁共振综合评价指数 HZ：

$$HZ = \frac{\sqrt{\Phi3 \times \Phi10}}{\Phi100} \tag{4.2}$$

图4.33 为 HZ 值与地层流动带指数 FZI 的关系图，由图可见，二者之间具有很好的一致性，HZ 值越大，地层流动带指数 FZI 值也越小，说明该类储层的孔隙结构越差，因此可通过 HZ 值的大小来判断不同孔隙结构的储层类型。进一步分析实验数据得到不同孔隙结构的分类标准为：Ⅰ类，$HZ < 0.3$；Ⅱ类，$0.3 < HZ < 0.9$；Ⅲ类，$0.9 < HZ < 4$；Ⅳ类，$HZ > 4$。

表4.1 为不同孔隙结构储层的常规物性、半渗透隔板毛管压力、核磁共振、铸体薄片和岩电实验的特征参数表。从表可以看出这四类不同孔隙结构类型的储层的特征参数存在一定的差别，束缚水饱和度、面孔率和泥质含量这三个值在四类储层中差别最明显。

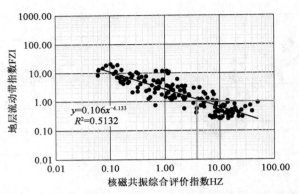

图 4.33　核磁共振综合评价指数 HZ 值与地层流动带指数 FZI 关系图

表 4.1　不同孔隙结构类型储层特征参数表

项目	类型	I 类	II 类	III 类	IV 类
物性	K，mD	$\dfrac{18.6 \sim 1020}{398.6}$	$\dfrac{4.9 \sim 270}{52.4}$	$\dfrac{0.09 \sim 16.1}{3.26}$	$\dfrac{0.07 \sim 1.8}{0.21}$
	ϕ，%	$\dfrac{13.7 \sim 33.3}{21.7}$	$\dfrac{11.7 \sim 27.0}{19.1}$	$\dfrac{8.6 \sim 26.9}{14.9}$	$\dfrac{11.4 \sim 22.8}{16.9}$
	S_{wi}，%	$\dfrac{17.1 \sim 50.5}{29.5}$	$\dfrac{27.1 \sim 79.7}{37.9}$	$\dfrac{41.7 \sim 77.8}{58.6}$	$\dfrac{58.5 \sim 87.2}{78.5}$
半渗透隔板毛管压力		"L" 型，长平台，较小排替压力驱替大部分孔隙流体	"L" 型，平台范围不如 I 类，较小排替压力驱替大部分孔隙流体	"L" 型，平台不明显	"L" 型，无平台，较大排替压力驱替小部分孔隙流体
核磁共振	T_2 截止值，ms	$\dfrac{8 \sim 263.5}{40.1}$	$\dfrac{6 \sim 64.4}{23.2}$	$\dfrac{6.0 \sim 90}{22.8}$	$\dfrac{4.6 \sim 100}{25.9}$
	T_{2g}，ms	$\dfrac{9.6 \sim 124.9}{54.1}$	$\dfrac{13.1 \sim 83.3}{41.6}$	$\dfrac{3.4 \sim 77.5}{20.8}$	$\dfrac{4.4 \sim 32.2}{11.1}$
铸体薄片	面孔率，%	$\dfrac{7 \sim 25.6}{16.7}$	$\dfrac{3 \sim 21}{9.2}$	$\dfrac{2.6 \sim 15}{5}$	$\dfrac{3.2 \sim 7.6}{4.8}$
	泥质含量，%	$\dfrac{1.5 \sim 5}{2.3}$	$\dfrac{2 \sim 10}{3.8}$	$\dfrac{4.5 \sim 20}{7.6}$	$\dfrac{7 \sim 25}{15.5}$
	最大孔径，μm	$\dfrac{0.12 \sim 0.6}{0.34}$	$\dfrac{0.12 \sim 0.6}{0.23}$	$\dfrac{0.1 \sim 0.96}{0.34}$	$\dfrac{0.06 \sim 0.2}{0.13}$
岩电实验	m 值	$\dfrac{1.48 \sim 1.88}{1.74}$	$\dfrac{1.5 \sim 1.95}{1.79}$	$\dfrac{1.52 \sim 1.97}{1.73}$	$\dfrac{1.61 \sim 1.97}{1.81}$
	n 值	$\dfrac{1.46 \sim 1.96}{1.78}$	$\dfrac{1.39 \sim 1.96}{1.75}$	$\dfrac{1.5 \sim 1.99}{1.77}$	$\dfrac{1.5 \sim 1.99}{1.86}$

4.2　低孔渗储层参数定量评价关键技术

在充分研究储层的物性、岩性、电性和含油气性特征后，通过分层位、分岩性和分孔隙结构的方法建立各储层评价参数的计算模型，得到精确合理的储层参数，以提高低孔渗储层的评价水平。

4.2.1　含水饱和度计算模型

一般情况下，求取地层含水饱和度的主要测井方法是电法测井，而最常用的公式是Archie 公式及其各种变形公式。这些公式均以宏观骨架和孔隙流体并联导电的岩石物理体积模型为基础，导出地层电阻率和含水饱和度在双对数坐标系下的线性关系，为其基本的数学表达式。Archie 公式是建立在纯砂岩基础上的，因此主要适合物性好并且岩性比较纯的储层，利用 Archie 公式计算储层含水饱和度需要具备两个条件：（1）孔隙分布形态是稳定的，且孔隙大小平均值与孔隙度成正比；（2）孔喉比具有固定关系。低孔渗储层由于其成因很复杂，受到成岩、岩性和胶结物性质的各方面因素的影响，因此Archie公式在评价低孔渗储层含水饱和度上具有一定的局限性。根据章节前面内容，可以将储层分成四种不同孔隙结构的类型，并对每一种孔隙结构类型的储层仔细分析，建立相应的饱和度模型。

图 4.34 利用 82 块低孔低渗岩心的高温高压岩电实验结果得到的 Archie 公式中 m 值与孔隙度关系图，图中样品包括 17 块砂砾岩样品，65 块砂岩样品；岩心渗透率范围为0.06 ~ 49.7mD，均值 3.4mD；孔隙度范围为 6.1% ~ 21%，均值 14.1%。非泥质胶结物含量代表方解石或者白云石的含量，非泥质胶结物含量和泥质含量的具体数据为配套的铸体薄片实验提供的结果。从图中可以看出，不同岩性以及胶结物性质或者含量的岩石其 m 值存在以下两个特征：（1）泥质含量高的岩石与纯净的岩石的 m 值明显存在两个分区，泥质含量高的低孔渗砂岩其 m 值小于钙质含量高或者纯净的砂岩，纯净岩石与钙质含量高的岩石两者之间的 m 值差别不大；（2）纯净的或者钙质含量高的砂砾岩或者含砾砂岩的 m 值明显高于其他的岩石，泥质含量高会导致其 m 值降低。

从图 4.34 同样可知低孔渗储层岩石的 m 值由于受各方面因素的影响而使得其变化规律很难把握，在实际地层评价中，难以取得合理的 m 值参数。也正由于此使得低孔渗储层含水饱和度评价成为难题。但是通过对图 4.34 进行仔细分析，也得到了一些认识，结合前面的内容，可以得到合理评价低孔渗储层饱和度的思路：由于砂砾岩或者含砾砂

岩的 m 值与砂岩明显不同，因此实际地层评价中，首先要把砂砾岩划分开，建立相应的计算模型；然后根据前面研究提到的Ⅳ类储层多为一些粉砂岩，泥质含量重，对比图 4.34 可见，此类储层其 m 值受泥质含量影响很大，因此对于此类储层的饱和度模型应该需要消除泥质的影响；最后，对于Ⅱ类和Ⅲ类储层，这两类储层主要为纯净砂岩或者含钙高的砂岩，从图 4.34 可见，这两类岩石的 m 值差别不大，因此可以对这两种类型的岩石建立统一的饱和度模型。

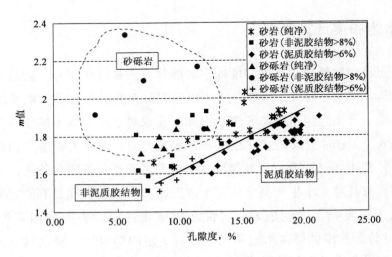

图 4.34　m 值与孔隙度关系图

1）高钙质含量砂岩含水饱和度模型

由图 4.34 可知，在低孔渗砂岩中，钙质含量高的样品其 m 值明显要比另外两种类型砂岩的 m 值大，文昌地区 ZH 组地层的岩石钙质含量较高，由于钙质胶结的作用，从而使得该区的目的层段物性一般都比较致密，而钙质的存在也会对电阻率测井曲线特征产生影响。图 4.35 为 WC11 - A - 1 井高钙质含量层段测井曲线特征图，根据 8 块薄片分析资料可知 3564.00 ~ 3567.00m 深度范围内的碳酸盐胶结物平均含量为 12.3%，而对比分析电阻率测井曲线，可以发现电阻率曲线在对应深度显示出一些异常特征，呈现锯齿状的跳跃，这是由于钙质的存在会导致电阻率值升高。因此在计算高钙质含量的储层含水饱和度时，需要消除钙质对电阻率的影响，也就是说岩电参数要与普通的砂岩有所区别。表 4.2 为研究区根据薄片分析结果显示钙质胶结物大于 8% 的砂岩实验样品基础信息表，根据表 4.2 中提供的高钙质胶结物砂岩岩电实验结果，可以得到此类砂岩的岩电参数值，如图 4.36、图 4.37 所示。在实际储层评价中，首先通过地层组分分析程序可以得到储层的钙质含量，然后再根据实际情况选择相应的岩电参数。

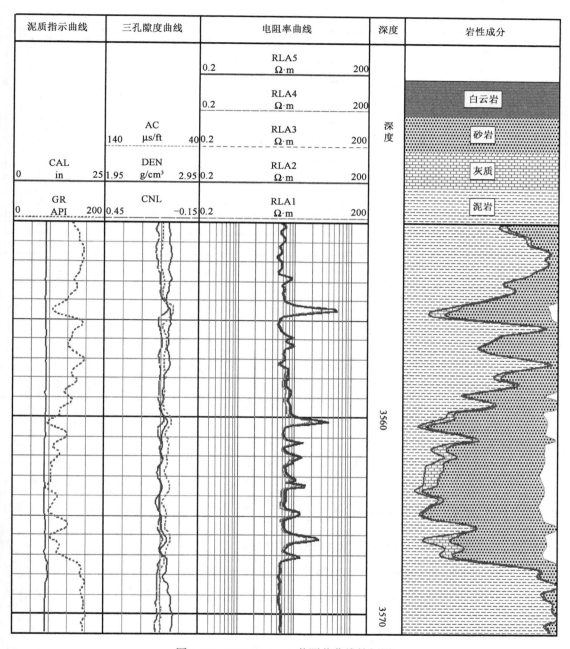

图 4.35　WC11 - A - 1 井测井曲线特征图

表 4.2　高钙质胶结物砂岩样品信息表

井号	样号	深度，m	地层因数 F	孔隙度，%	渗透率，mD
WC11 - A - 1	1	3564. 45	140. 91	6. 52	0. 07
WC11 - A - 1	2	3565. 60	65. 00	11. 14	0. 18
WC11 - A - 1	3	3566. 65	58. 03	12. 19	0. 21

井号	样号	深度，m	地层因数 F	孔隙度，%	渗透率，mD
WC10 – A – 1	7	3352.15	34.61	13.33	0.74
WC10 – A – 1	1	3341.70	27.16	15.79	6.30
WZ12 – A – 4	1	2514.70	35.25	11.91	2.31
WC10 – A – 1	8	3397.12	37.38	14.26	0.67
WZ11 – A – 6	8	2204.03	51.16	7.46	0.15
WC10 – A – 1	3	3332.25	48.19	9.38	1.17
WC10 – A – 1	1	3330.90	63.39	7.45	0.27
WC13 – A – 2	1	1249.10	48.32	11.45	0.19
WC10 – A – 1	3	3346.35	55.16	9.46	0.10
WC13 – B – 1	2	1070.00	79.30	6.69	0.11

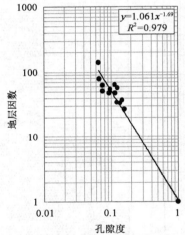
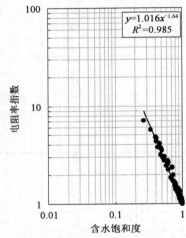

图 4.36 高钙质砂岩孔隙度与地层因数关系图　　图 4.37 高钙质砂岩含水饱和度与电阻率指数关系图

2）高泥质含量低孔渗储层含水饱和度模型

当储层泥质含量较高时，电阻率将受到泥质含量的影响，使其明显降低。如果低孔渗储层存在高含泥质的情况，在计算含水饱和度时应考虑泥质含量的影响，因而采用了式（4.3）计算：

$$S_w = \sqrt[n]{\cfrac{1}{\left(\cfrac{V_{sh}^c}{R_{sh}} + \cfrac{\phi^{0.5m}}{\sqrt{aR_w}}\right)^2 R_t}} \tag{4.3}$$

其中

$$c = 1 - 0.5V_{sh}$$

式中　R_{sh}——泥岩电阻率，$\Omega \cdot m$；

　　　m——目的层孔隙度指数（胶结指数）；

　　　n——饱和度指数，对饱和度微观分布不均匀的校正；

a——岩性附加导电性校正系数；

R_{w}——地层水电阻率，$\Omega \cdot \text{m}$；

R_{t}——地层电阻率，$\Omega \cdot \text{m}$；

V_{sh}——泥质含量，小数。

由式（4.3）可得到（$S_{\text{w}} = 1$ 时，$R_0 = R_{\text{t}}$）：

$$F = \frac{R_0}{R_{\text{w}}} = \frac{1}{\left(\dfrac{V_{\text{sh}}^{c}}{\sqrt{R_{\text{sh}}}} + \dfrac{\phi^{0.5m}}{\sqrt{aR_{\text{w}}}}\right)^2 R_{\text{w}}} \tag{4.4}$$

$$I = \frac{R_{\text{t}}}{R_0} = \frac{1}{S_{\text{w}}^{n}} \tag{4.5}$$

以上两式中，F 为地层因数，I 为电阻率增大指数，由式（4.5）可知，若考虑泥质含量的影响，n 值将与由阿尔奇公式得到的相同（b 值为 1，实测值非常接近于 1），因此利用式（4.3）计算含水饱和度时还是利用阿尔奇公式得到的 b 和 n 值。由式（4.4）可知，若考虑泥质含量的影响，a 与 m 值将与由阿尔奇公式得到的不同。因而需重新利用式（4.4）回归 a 值与 m 值。在这一过程中，各样品的泥质含量若有实验室分析结果，则利用实验室分析结果，否则利用测井计算结果。

以泥质含量高的低渗透储层中的一口井为例说明计算过程，选取 DF1 - A - 12 井。由阿尔奇公式 $R_0 / R_{\text{w}} = a / \phi^{m}$ 可看出，当 $\phi \to 100\%$ 时，$a = 1$，因此，从理论上讲，$a = 1$；这个原理对式（4.4）也适用。现假设 $a = 1$，并对该井所有取心样品分析数据进行处理，对式（4.4）进行变形和计算，令 $a = 1$ 时即可得到此时对应的 m 值，并对所有样品取平均值即可得到 m 值，为 2.2。

图 4.38 和图 4.39 为 DF1 - A - 12 井地层温压条件下的岩电实验结果。

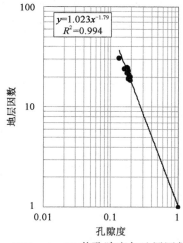

图 4.38　DF1 - A - 12 井孔隙度与地层因数关系图

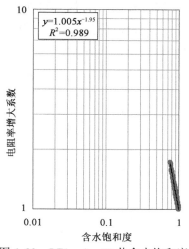

图 4.39　DF1 - A - 12 井含水饱和度
与电阻率增大系数关系图

对图 4.34 中的岩心岩电实验数据进行仔细分析还可发现，铸体薄片分析结果显示泥质含量 >6% 的岩心其 m 值与孔隙度具有一定的相关性。将这些样品的 m 值与孔隙度做交会图，结果如图 4.40 所示，从图中可以看出，高泥质含量的砂岩或者砂砾岩的 m 值与孔隙度具有很好的正相关关系，随着孔隙度的增大，m 值是变大的。因此在处理高泥质含量的低孔渗储层时，同样可以利用这个关系去求得地层的胶结指数 m 值，从而求得地层含水饱和度。

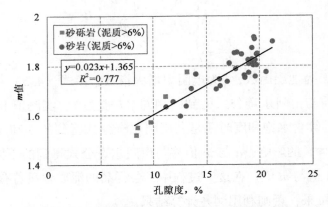

图 4.40　高泥质含量岩心 m 值与孔隙度关系图

3）含砾砂岩含水饱和度计算模型

由于地层的岩电参数受岩性的影响较大，因此含砾砂岩与砂岩的岩电参数存在较大的差别；那么对于含砾砂岩，在评价含水饱和度时需要单独确定其岩电参数。表 4.3 为含砾砂岩实验样品基础信息表，表中的含砾砂岩都为比较纯净或者是胶结致密的岩石样品，根据表中数据可以得到含砾砂岩的岩电参数值，如图 4.41、图 4.42 所示。由于现阶段的常规测井曲线很难有效地识别出储层岩性，因此在实际储层评价中需要结合地质录井资料，在含砾储层段使用相应的岩电参数。对于高含泥质的含砾砂岩储层的岩电参数，可参考图 4.40 的结果。

表 4.3　含砾砂岩实验样品信息表

井号	样号	深度，m	地层因数 F	孔隙度，%	渗透率，mD
WC9 – B – 1	1	3544.44	46.90	12.25	4.57
WC9 – B – 1	2	3545.77	71.23	9.77	1.33
WZ11 – A – 3	3	3233.10	68.74	8.83	0.11
WZ10 – A – 1	1	2701.40	22.00	17.48	8.13
WC9 – A – 3	1	3785.60	81.03	8.12	11.10
LT33 – A – 1	1	3482.90	88.06	8.34	0.14
WC9 – A – 3	4	3994.20	93.09	7.03	0.64

续表

井号	样号	深度，m	地层因数 F	孔隙度，%	渗透率，mD
YQ2 – 1 – 1	2	639. 20	109. 67	11. 46	0. 24
WC13 – B – 1	7	1306. 50	251. 98	7. 09	0. 11
WC9 – A – 1	1	3201. 70	49. 56	11. 97	1. 37
LT35 – A – 1	2	1430. 40	838. 76	5. 65	0. 12
WC10 – A – 1	6	3683. 88	76. 98	9. 84	0. 26
LT35 – A – 1	1	1429. 80	719. 31	3. 24	0. 07
WZ11 – A – 1	4	2522. 25	36. 85	13. 15	0. 28
WZ11 – B – 2	2	3003. 87	39. 75	11. 15	0. 02

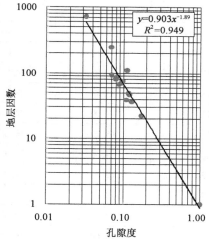

图 4.41　含砾砂岩孔隙度与地层因数关系图

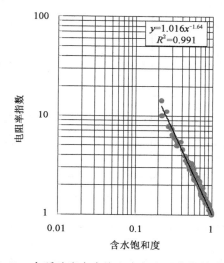

图 4.42　含砾砂岩含水饱和度与电阻率指数关系图

4) 优质储层含水饱和度计算模型

基于地层流动带指数 FZI 分类可知，Ⅰ类和Ⅱ类储层的物性较好，岩性较纯净，并且毛管压力特征也基本一致，因此可将这两类储层定义为优质储层。表 4.4 为Ⅰ类和Ⅱ类储层的岩电实验样品信息表。通过对表中两类储层的岩电实验结果进行分析发现其岩电参数差别不大，可将其岩电参数合在一起进行含水饱和度计算。图 4.43 和图 4.44 为Ⅰ类和Ⅱ类储层在地层温压条件下的孔隙度与地层因数关系图和含水饱和度与电阻率指数关系图，由图可以得到阿尔奇公式中的岩电参数。

表 4.4　Ⅰ类和Ⅱ类储层岩电实验样品信息表

井名	样号	深度，m	地层因数 F	孔隙度，%	渗透率，mD
BD19 – B – 1	14	3079	28. 78	17. 8	38. 3
LT1 – A – 2	1	2011. 8	10. 46	22. 50	59. 6

井名	样号	深度，m	地层因数 F	孔隙度，%	渗透率，mD
LT19 – A – A	1	1763.5	13.50	20.30	72.1
QH18 – A – 1	5	1250	6.17	29.2	1020
QH18 – A – 1	7	1243.5	6.64	29.2	979
QH18 – B – 2	4	1090.64	5.71	31.2	270
WC9 – A – 1	3	3668.3	57.33	9.60	6.69
WC9 – B – 1	1	3544.44	46.90	12.20	9.63
WS1 – B – 1	2	1225	20.06	19.6	23.2
WS1 – B – 1	1	1222	10.24	25	233
WS1 – B – 1	4	1245	15.83	19.5	241
WS1 – B – 2	3	1236.56	7.57	31	810
WS1 – B – 2	1	1235.06	8.04	30.6	858
WZ10 – A – 4	4	2219	10.33	25	364
WZ10 – A – 4	7	2234.5	45.36	11.4	34.3
WZ10 – A – 4	3	2214.5	15.71	19.5	540
WZ10 – A – 1	3	2575	25.02	17.00	22.2
WZ10 – A – 1	8	2597.4	29.42	15.70	16.8
WZ10 – A – 1	7	2593.5	20.74	19.00	76.4
WZ10 – A – 1	9	2599	22.76	17.80	71.9
WZ11 – A – 3	2	2118.1	27.53	12.50	7.08
WZ11 – A – 3	H1 – 1	2695.82	14.17	20.60	62.4
WZ11 – A – 3	H2 – 1	2701.37	31.81	14.00	19.3
WZ11 – A – 4	D2 – 7	2097.12	32.95	14.10	10.6
WZ11 – A – 4	D2 – 3	2084.57	27.26	17.10	22.2
WZ11 – A – 4	H2 – 3	2087.51	19.93	18.30	34.5
WZ11 – A – 4	D2 – 6	2096.91	30.54	15.30	21.4
WZ11 – A – 4	D2 – 1	2080.87	15.49	20.60	64.6
WZ11 – A – 4	H2 – 9	2095.98	32.88	14.10	27.4
WZ11 – A – 4	H2 – 1	2080.63	14.93	20.20	103
WZ11 – A – 4	H2 – 10	2096.29	43.64	12.10	22.6
WZ11 – A – 4	D1 – 2	1984.74	14.90	21.30	372
WZ11 – A – 4	H2 – 4	2088.98	20.25	19.00	290
WZ11 – A – 4	H1 – 1	1980.39	15.47	21.50	692
WZ11 – A – 4	H1 – 2	1985.41	19.12	18.90	638
WZ11 – A – 4	D1 – 1	1981.25	20.71	17.50	502
WZ11 – A – 4	H2 – 6	2091.26	14.78	21.00	916

续表

井名	样号	深度, m	地层因数 F	孔隙度, %	渗透率, mD
WZ11 – A – 4	H1 – 2	2225. 4	26. 37	18. 10	31. 2
WZ11 – A – 4	H1 – 11	2224. 18	27. 89	17. 40	30. 9
WZ11 – A – 4	H1 – 2	2219. 33	27. 06	17. 50	33. 5
WZ11 – A – 4	H1 – 7	2221. 4	27. 66	18. 80	64. 6
WZ11 – A – 4	H1 – 10	2223. 69	27. 51	18. 00	54. 7
WZ11 – A – 4	H1 – 9	2223. 11	23. 83	18. 20	54. 3
WZ11 – A – 4	H1 – 1	2215. 53	21. 37	19. 30	72. 7
WZ11 – A – 4	H1 – 8	2222. 16	25. 93	18. 40	64. 5
WZ11 – A – 4	H1 – 2	2216. 38	18. 95	20. 50	172
WZ11 – A – 4	H1 – 4	2218. 42	17. 58	21. 10	304
WZ11 – A – 4	H1 – 3	2217. 73	18. 03	21. 00	319
WZ11 – A – 6	3 – 1	2216. 54	13. 76	20. 00	153
WZ12 – A – 7	2	3275. 5	31. 54	13. 60	34. 4
WZ12 – A – 1	1 – 2	2903	31. 03	14. 6	27. 9
WZ6 – B – 3	H1 – 1	2740. 56	18. 71	18. 40	76. 8
WZ6 – A – 1	1	2509	29. 21	14. 20	14. 3
YA21 – A – 3	3	4635. 3	43. 56	13. 50	110

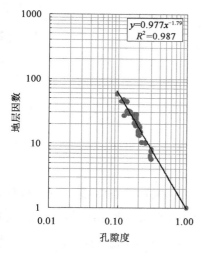

图 4.43 孔隙度与地层因数关系图

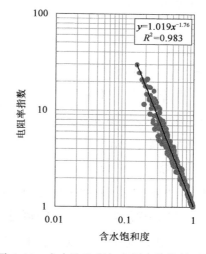

图 4.44 含水饱和度与电阻率指数关系图

5) 非电法含水饱和度计算模型

在自由水界面以上的储层含水饱和度随深度变化明显，这一特征在电阻率曲线上表现为在同一层中（物性变化不大）电阻率由下到上逐渐变高，如图 4.45 所示。实际上，原始油藏条件下，储层的油气饱和度不仅与油气柱高度有关，还受物性影响很大，同样的驱替力作用下，物性好的储层其油气饱和度较高，那么其含水饱和度较低。因此在利用毛管压力资料研究非电法含水饱和度模型时，需要同时考虑储层物性因素。

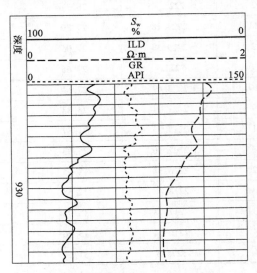

图 4.45　含水饱和度随深度的变化

充分利用大量的岩心压汞实验结果，分区块、分目的层段尝试利用 J 函数法计算自由水界面以上储层的含水饱和度，并且与电法计算含水饱和度进行相互验证。J 函数的定义见式（4.6）：

$$J\left(S_{\mathrm{w}}\right) = \frac{p_{\mathrm{c}}}{\sigma\cos\theta}\sqrt{\frac{K}{\phi}} \qquad (4.6)$$

式中　S_{w}——含水饱和度，%；

$\quad\quad p_{\mathrm{c}}$——毛管压力，MPa；

$\quad\quad \sigma$——界面张力，mN/m；

$\quad\quad K$——渗透率，mD；

$\quad\quad \phi$——孔隙度，小数。

图 4.46 至图 4.51 分别为涠洲区 L1 和 L3 段，文昌区 ZH1 和 ZH2 段，DF 和 LD 地区的含水饱和度与 J 函数关系图，由图可见，物性不同的岩心含水饱和度与 J 函数具有很好的相关关系，并且含水饱和度与 $J\left(S_{\mathrm{w}}\right)$ 的关系为幂函数的形式，其一般表达式为

$$J\left(S_{\mathrm{w}}\right) = aS_{\mathrm{w}}^{b} \qquad (4.7)$$

在原始油（气）藏条件下，油（气）水密度差所产生的浮力与毛管压力相平衡：

$$\Delta\rho g H = p_{\mathrm{cR}} \qquad (4.8)$$

式中　H——自由水界面以上高度，m；

$\quad\quad \Delta\rho$——油（气）水密度差，g/cm³；

p_{cR}——储藏条件下的毛管压力，MPa。

因而可以把毛管压力曲线换成自由水界面以上高度（油气柱高度）与含油（气）饱和度的关系曲线，换算关系为

$$H = \frac{p_{cR}}{(\rho_w - \rho_{og}) g} \times 100$$

$$(4.9)$$

式中，ρ_w 和 ρ_{og} 分别为储藏条件下水与油（气）的密度，g/cm^3。

$$\frac{p_{cR}}{p_{cHg}} = \frac{26}{367} = 0.071$$

$$(4.10)$$

合并式（4.9）和式（4.10）可得

$$H = \frac{p_{cHg}}{(\rho_w - \rho_{og}) g} \times 7.1$$

$$(4.11)$$

求解式（4.6）和式（4.7）可得

$$S_w = \sqrt[b]{\frac{p_{cHg}}{a\sigma g\cos\theta} \sqrt{\frac{K}{\phi}}}$$

$$(4.12)$$

把式（4.11）代入式（4.12）可以得到利用压汞毛管压力资料换算成油（气）柱高度计算含水饱和度的公式，如式（4.13）所示：

$$S_w = \sqrt[b]{\frac{H (\rho_w - \rho_{og})}{7.1a\sigma g\cos\theta} \sqrt{\frac{K}{\phi}}}$$

$$(4.13)$$

式（4.13）中 H 为自由水界面以上高度值，对于气—汞两相来说，$\sigma\cos\theta$ 的值为367，由图可知，各区各目的层的 a、b 值分别为：涠洲区 L1 段 $a = 4129$，$b = -3.12$，L3 段 $a = 694.6$，$b = -2.78$；文昌区 ZH1 段 $a = 1000000$，$b = -4.262$，ZH2 段 $a = 1237.939$，$b = -2.759$；DF 地区 $a = 357.4$，$b = -2.41$；LD 地区 $a = 2225$，$b = -2.46$。

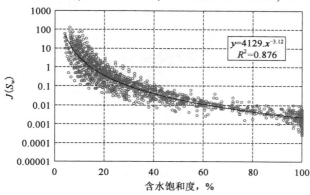

图 4.46 涠洲区 L1 段含水饱和度与 J 函数关系图

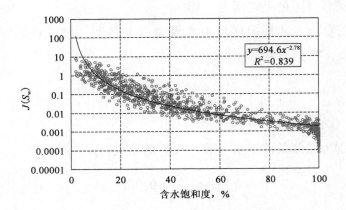

图 4.47　涠洲区 L3 段含水饱和度与 J 函数关系图

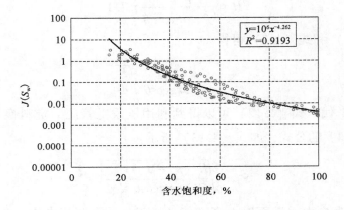

图 4.48　文昌区 ZH1 段含水饱和度与 J 函数关系图

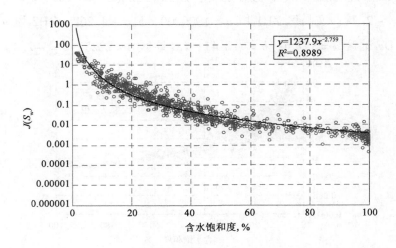

图 4.49　文昌区 ZH2 段含水饱和度与 J 函数关系图

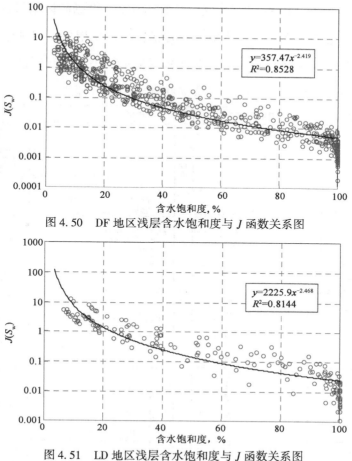

图 4.50 DF 地区浅层含水饱和度与 J 函数关系图

图 4.51 LD 地区浅层含水饱和度与 J 函数关系图

从图 4.51 可以看出 LD 地区的模型效果不好，这是由于该区的压汞样本点太少导致的。

为了验证以上的非电法含水饱和度计算模型，利用上面方法对两口井进行了处理，图 4.52 为 DF1 – A – 2 井的处理成果图，根据 DST 测试结果可以知道该井 1 号气层以非烃类气体为主，CO_2 含量高达 65%，通过计算认为井下气体密度 $\rho_g = 0.25 g/cm^3$，自由水界面深度为 1338m 附近，然后利用上面得到的非电法饱和度模型对该井处理，图 4.52 中第六道为含水饱和度计算结果，虚线代表非电法含水饱和度结果，黑实线为阿尔奇公式计算结果，通过对比可以认为，这两个不同方法得到的结果基本相等，非电法含水饱和度与电阻率曲线也很好吻合起来，电阻率曲线从储层顶部往下逐渐减少。同样也对涠洲地区的 WZ6 – B – 3 井测井资料进行了处理，根据该井储层所处的目的层段，相应选择了涠洲区 L3 段的解释模型，模型中的渗透率值使用核磁共振资料得到的结果，图 4.53 即为该井的处理成果图。图中第六道显示了三种不同方法得到的含水饱和度，其中实线代表了由核磁资料得到的束缚水饱和度，2740 ~ 2750m 之间的点划线代表了利用非电法模型得到的结果，虚线则代表了利用阿尔奇公式得到的结果，该井 2739 ~ 2747m 进行了 DST 测试，泵抽，日产油 33m³，气少量，水 0m³。根据测试结果认为该层段为纯油气层，从图中第六道的三饱和度对比中可以看出，在测试层段，由阿尔奇公式和非电法方法计算得出的含水饱和度与核磁束缚水饱和度基本相等，与测试结果吻合，由此可以说明以上通过压汞资料研究得到的非电法饱和度模型是合理的。

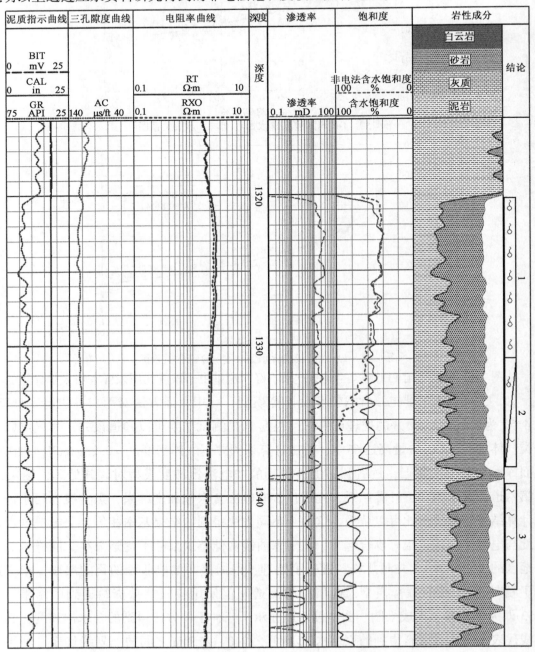

图 4.52　DF1－A－2 井处理成果图

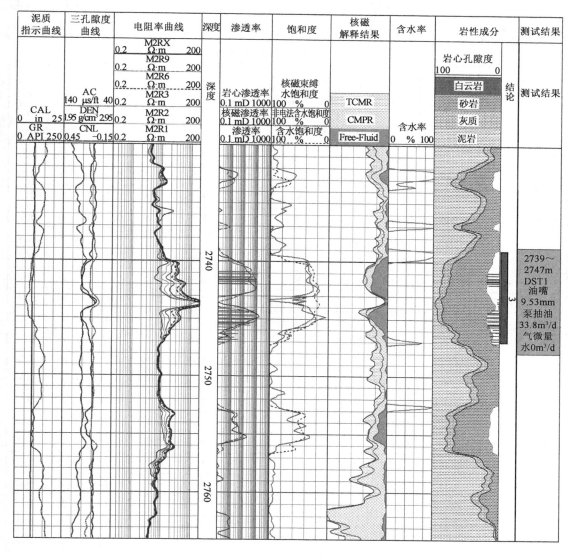

图4.53 WZ6-B-3井处理成果图

6）利用气测录井资料计算含气饱和度方法探讨

全烃曲线是实时检测地层烃类气体的连续曲线，它包含了大量地层信息，直接反映着油气在纵向上的变化情况。在钻开地层时，储层中的气一般是以游离、溶解、吸附三种状态存在于钻井液中。如果储层物性好，含气饱和度高，储层中的气与钻井液混合返至井口时，气测录井就会呈现出较好的气显示异常。因此全烃曲线的值大小在一定程度上反映了储层中含油气饱和度的高低。利用气测录井资料，通过结合 MDT 取样和 DST 测试结果，探讨油气层的含水饱和度与气测值之间的定量计算模型。通过对基础数据的分析，发现储层含水饱和度大小与气测全烃值和孔隙度二者的乘积存在一定的关系。

表4.5为18口井58个油气层样本点的信息表，利用表4.5中的样本数据，作出含水饱和度与气测全烃值和孔隙度二者乘积的关系图，如图4.54所示。

表4.5 油气层样本值信息表

井名	层号	样本值深度，m		孔隙度 %	含水饱和度 %	气测响应值					结论
		起始	终止			T_g,%	C_1,%	C_2,%	C_3,%	C_4,%	
Ws17 – A – 1	1	2619.3	2622.1	17.31	55.7	14.27	1.77	0.66	0.58	0.41	油层
Ws17 – A – 1	2	2623.9	2632.3	20.05	45.5	12.89	1.62	0.58	0.51	0.43	油层
Ws17 – A – 1	3	2634.2	2642.9	18.43	55.9	14.14	1.83	0.63	0.62	0.54	油层
Ws17 – A – 1	4	2644	2651.3	15.68	56.2	12.41	1.55	0.49	0.45	0.41	油层
WZ10 – A – 2	1	2102.6	2104.7	15.32	50.58	2.4	0.94	0.19	0.13	0.06	油层
WZ10 – A – 1	7	2662.4	2666.6	15.37	45.2	8.7	2.27	0.56	0.67	0.55	油层
WZ11 – A – 2	5	2156.7	2162.8	18.66	53.6	11.6	6.94	0.4	0.24	0.11	油层
WZ11 – A – 2	6	2165.7	2169.3	16.49	39.8	15.6	7.98	0.98	0.41	0.19	油层
WZ11 – A – 2	7	2170.7	2176.1	15.41	43.6	8.02	4.68	0.44	0.17	0.09	油层
WZ11 – A – 3	2	1934.3	1939.4	23.44	25.3	24.7	18.1	2.12	1.85	0.58	油层
WZ11 – A – 3	3	1944	1947.5	24.29	31.8	17.9	12	3.29	2.01	0.95	油层
WZ11 – A – 3	6	2020.4	2022.3	19.23	48.3	5.32	3.65	0.76	0.64	0.34	油层
WZ11 – A – 3	9	2071.1	2076.1	16.59	56.1	8.01	4.01	0.77	0.86	0.43	油层
WZ11 – A – 3	10	2091.7	2096.1	15.53	58.3	3.23	1.67	0.27	0.22	0.13	油层
WZ11 – A – 3	11	2098	2102.6	15.04	62.9	3.4	2.2	0.34	0.32	0.19	油层
WZ11 – A – 4	2	2208.2	2211.8	15.76	45.9	8.6	1.44	0.28	0.65	0.48	油层
WZ11 – A – 4	3	2215	2222.8	16.65	43.2	4.3	0.67	0.11	0.22	0.12	油层
WZ11 – A – 2	3	2512.5	2518.3	16.73	30.4	38.48	5.55	1.51	1.78	1.41	油层
WZ11 – A – 2	6	2639.1	2640.7	11.33	63.3	6.89	3.11	0.58	0.36	0.26	油层
WZ11 – A – 2	7	2641.9	2643.9	8.69	60.6	5.85	2.19	0.24	0.14	0.12	油层
WZ11 – A – 2	8	2648.1	2651.4	11.53	52.4	6.83	2.84	0.53	0.33	0.22	油层
WZ11 – C – 2	7	2532.9	2535.6	25.04	36.1	22.1	6.54	0.48	1.31	1.1	油层
WZ11 – C – 2	8	2536.8	2539.9	28.42	36.4	23.5	6.93	0.48	1.42	1.08	油层
WZ11 – A – 3	7	2116.6	2121.6	19.68	24.2	37.5	14.2	1.02	2.67	1.39	油层
WZ11 – A – 3	8	2623.2	2626.8	12.05	57.5	4	1.88	0.31	0.19	0.07	油层
WZ11 – A – 4	5	2170.4	2172.9	17.42	56.7	13.78	3.75	0.4	0.74	0.47	油层
WZ11 – B – 1	2	3105.9	3110.2	14.64	22.3	45.1	14.2	4.5	3.86	1.02	油层
WZ11 – B – 1	3	3132.4	3137.3	11.91	42.5	16.03	4.02	1	0.79	0.32	油层
WZ11 – B – 1	5	3178	3181.4	13.88	38.1	36.2	9.9	2.66	1.94	0.74	油层
WZ11 – B – 1	7	3209.5	3216.5	12.88	35.9	32.39	10.1	2.65	1.57	0.61	油层
WZ11 – B – 1	8	3218.2	3223.1	11.53	54.7	14.2	8.27	1.97	1.2	0.48	油层

续表

井名	层号	样本值深度，m		孔隙度 %	含水饱和度 %	气测响应值					结论
		起始	终止			T_g，%	C_1，%	C_2，%	C_3，%	C_4，%	
WZ11－B－1	9	3237	3241	11.78	37.6	25	7.5	1.86	1.21	0.47	油层
WZ11－B－1	10	3246.8	3256.5	9.63	53.1	10.9	2.7	0.66	0.48	0.2	油层
WZ11－B－1	11	3258.4	3262.7	12.28	47.6	23.8	7.52	1.83	1.18	0.45	油层
WZ11－B－1	12	3264.8	3269	13.58	34.8	34.82	11.4	2.95	1.88	0.67	油层
WZ11－B－1	13	3288.4	3291.4	11.16	54.4	23.2	7.1	1.64	1.1	0.46	油层
WZ11－B－1	14	3302.9	3306.4	13.35	54.8	14.37	3.8	0.86	0.61	0.29	油层
WZ11－B－1	15	3314.6	3318.5	13.89	42.8	20.5	5.6	1.35	0.91	0.34	油层
WZ11－B－1	16	3347.4	3354.7	12.29	44.1	26.6	7.06	1.79	1.27	0.55	油层
WZ11－B－2	1	2968.9	2973.2	14.82	43.2	14.68	4.78	1.21	0.76	0.43	油层
WZ11－B－2	2	2987.3	2990.6	13.59	44.9	7.21	2.74	0.52	0.31	0.15	油层
WZ11－B－2	4	3013.2	3017	12.12	54.5	17.8	7.18	1.53	0.97	0.49	油层
WZ11－B－2	5	3027.3	3030.9	14.36	44.8	19.5	8.65	2.03	1.37	0.71	油层
WZ12－A－2	5	2495.4	2498.7	17.46	39.1	31.5	0.94	0.44	1.12	1.05	油层
WZ12－A－2	6	2511.4	2513.6	18	34.2	42.1	0.61	0.33	1.07	1.47	油层
WZ12－A－2	7	2649.2	2652.3	15.39	48.9	10.65	0.85	0.44	0.66	0.55	油层
WZ12－A－5	1	3314.5	3317	15.67	54.03	15.1	1.41	0.95	1.88	0.98	油层
WZ12－A－5	2	3320.3	3322	16.1	45.2	23.3	2.13	1.37	2.2	1.61	油层
WZ6－1W－1	2	2086.1	2090.2	20.6	20.7	34.4	3.39	1.58	1.25	0.99	油层
WZ6－C－2	4	3127	3133.4	13.58	44.3	9.57	2.88	0.45	0.66	0.49	油层
WZ6－C－2	6	3141.1	3152.4	9.24	51.8	7.66	2.46	0.39	0.55	0.36	油层
WZ6－C－2	7	3154.3	3159.6	7.83	54.6	7.66	2.46	0.39	0.55	0.36	油层
WZ6－C－2	8	3165.6	3169	12.04	51.4	7.26	2.16	0.36	0.53	0.34	油层
WZ6－B－1	2	2902.6	2904.9	12.85	56.1	6.13	4.05	0.44	0.54	0.19	油层
WZ6－B－1	3	2912.9	2915.8	8.75	54.5	12.27	7.58	0.82	1.12	0.46	油层
WC19－A－1	2	2021.5	2030.2	17.05	43.8	11.7	2.96	1.1	1.01	0.66	油层
WC19－A－1	3	2032.6	2038.1	19.98	40.9	10.8	1.68	0.55	0.62	0.55	油层
WC10－A－1	10	3748.7	3756.6	11.28	53.7	15.7	11.5	2.51	1.1	0.28	油层

从图 4.54 可以看出，油层的含水饱和度值与 ϕT_g 具有较好的相关关系，如式（4.14）所示：

$$S_w = 59.3121 \exp（-0.0011 \phi T_g）\tag{4.14}$$

式中　S_w——含水饱和度，%；

ϕ——孔隙度，%；

T_g——气测全烃值，%。

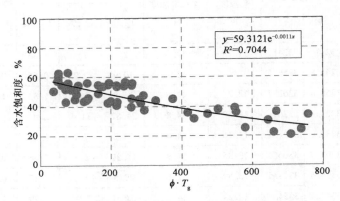

图 4.54　含水饱和度与孔隙度和全烃含量乘积关系图

式（4.14）中综合考虑了孔隙度与气测全烃值；物性好、气测全烃值高的储层，其含油气饱和度高，所以式（4.14）具有一定的理论基础。

需要说明的是表 4.5 中的样本点多取自涠洲地区，因而这些样本点多为油层，由于气层缺乏样本点，所以没有进行相应的研究。而气层的气测显示特征与油层是不一样的，因此式（4.14）不适用于含气储层。

通过式（4.14）可以利用气测以及物性资料对油气层的含水饱和度值做初步的定量计算，在分析实际的气测以及常规测井资料时可以发现，影响气测值的因素有很多，比如受储层物性、钻井速度、钻井液性质等，并且很多时候气测异常的特征与油气层的出现是不同步的，往往是滞后于储层。正是由于气测资料受这么多因素的影响，所以利用气测资料计算得到的饱和度具有一定的不确定性，在实际储层评价中只能提供参考作用，不能作为储层评价的最终结果。

7）地层水电阻率确定

要得到准确合理的含水饱和度，除了使用适当的饱和度模型，地层水电阻率也是其中关键的区域参数。表 4.6 和表 4.7 分别为涠洲区和文昌区主要目的层段的地层水矿化度分析结果表，从表 4.6 可见涠洲区相同目的层段的不同井的地层水矿化度存在很大的差别，也就是说该区相同目的层段的地层水矿化度变化规律很复杂，实际资料处理过程中，不能统一使用某个定值，需要参考井中的水层段资料来确定精确的地层水电阻率。由表 4.7 可以看出文昌 A 区 ZH2 段不同井的地层水矿化度差别小一些，基本稳定在 30000mg/L 左右，均值为 31326mg/L，因此处理资料时可以使用该矿化度值，结合储层的温度，即可得到 ZH2 段的地层水电阻率值。

表4.6 涠洲区地层水分析结果汇总表

井名	顶深，m	底深，m	层位	总矿化度，mg/L	水型	取样方式
WZ11 - A - 3	2138	2198	L1	10186	NaHCO$_3$	DST1
WZ11 - A - 3	2091	2103.5	L1	33246	MgCl$_2$	DST2
WZ11 - A - 4	2085	2091	L1	34568	MgCl$_2$	DST
WZ5 - A - 1	2820	2842	L1	19313	NaHCO$_3$	DST1
WZ6 - B - 3	2739	2747	L1	14686	NaHCO$_3$	DST
WZ6 - B - 1	2884	2917	L1	9659	NaHCO$_3$	DST1
WZ12 - A - 1	2665	2707	L2	7384	NaHCO$_3$	DST4
WZ11 - A - 2	3232	3256	L3	34812	MgCl$_2$	DST2
WZ11 - A - 3	3188	3225	L3	10707	NaHCO$_3$	DST1
WZ11 - A - 1	2916	2955	L3	34064	MgCl$_2$	DST1
WZ11 - A - 1	2875	2888	L3	19296	Na$_2$SO$_4$	DST2
WZ11 - B - 2	2969	3031	L3	27798	MgCl$_2$	DST1

表4.7 文昌区地层水分析结果汇总表

井名	顶深，m	底深，m	层位	总矿化度，mg/L	水型	取样方式
WC9 - B - 1	3648	3663	ZH2	26372	NaHCO$_3$	DST1
WC9 - A - A	3490	3525	ZH2	41912	NaHCO$_3$	DST1
WC9 - A - A	3390	3415	ZH2	30425	NaHCO$_3$	DST2
WC9 - A - 1	3968	3996	ZH2	32304	原始数据缺失	DST2
WC9 - A - 1	3790	3799	ZH2	35338		DST3
WC9 - A - 2	3727	3775	ZH2	36292		DST3
WC9 - A - 2	4061	4091	ZH2	25408		DST2
WC11 - A - 1	3695	3723	ZH2	22561	NaHCO$_3$	DST2

8）饱和度计算模型的适应性及选用

通过以上内容的分析，针对不同的储层类型得到了相应的含水饱和度计算模型，以上所述的每一种计算模型都具有一定的局限性。高钙质含量砂岩饱和度模型只适用于碳酸盐胶结物含量高的储层，这类储层一般都为晚成岩阶段，储层的物性很差，为特低孔低渗特征，在文昌区比较明显。高泥质饱和度模型一般适用于岩石颗粒很细的储层，多为粉砂岩，此类储层泥质含量高、总孔隙度也较大，但是多为不动流体孔隙，DF1 - A - 12和BD13 - 3S - 1井的储层特征即如此。非电法饱和度模型只考虑了储层的物性以及油气柱高度因素，在实际应用中最关键的就是如何准确确定自由水界面，而在低孔渗储层中，一般不具有明显的自由水界面。气测录井过程中受影响的因素更多，因而利用气测资料得到的饱和度只具有参考价值。

在饱和度实际计算中，首先要根据地质录井资料把含砾砂岩储层区分出来，单独使用相应的饱和度模型；然后利用地层组分分析程序，精确定量计算储层的各个参数，得到准确的孔隙度、渗透率、泥质含量以及钙质含量，最后通过利用这些参数判别储层所应使用的饱和度模型，得到准确的油气饱和度值。

4.2.2 渗透率计算模型

渗透率指示储层的渗流能力，直接决定储层流体的产出能力，是储层综合等级评价的一个关键参数。储层渗透率大小受孔隙度、岩性、胶结物含量以及成分等各方面因素的影响，特别是在低孔渗储层中，这些因素都对储层渗透率起作用，使得低孔渗储层渗透率精确评价异常困难，一般得到的结果精度不高，很难符合实际地层评价的要求。因此本节将采用细分目的层位、分岩性建立研究区的渗透率计算模型。

1) 考虑泥质含量的渗透率计算模型

利用5口井178块岩心粒度以及常规物性资料对影响渗透率大小的因素进行研究分析。表4.8中列出了WZ11-A-1、WZ11-A-1、WZ11-A-6、WC9-B-1、WC10-A-1井不同层段粒度以及常规物性分析结果的平均值，图4.55为渗透率与孔隙度关系图，由图可知渗透率与孔隙度存在一定的正相关关系；图4.56至图4.61分别为由表4.8作出的渗透率与不同粒径颗粒含量的关系图，由图可见：储层物性的好坏跟岩石的颗粒粒径大小有很大关系，总体来说，颗粒越粗、黏土含量越低，则储层的渗透性越好。在含砾储层中，储层物性的好坏与砾石等粗颗粒含量有关，粗颗粒成分越多，物性越好；储层物性还与储层的黏土含量有关，黏土含量越多，物性越差；含砾储层的物性要比不含砾的好。渗透率与砾石含量和粗砂含量有较好的正相关关系，与细砂含量、粉砂含量、黏土含量有较好的负相关关系，与中砂含量没有相关性，即颗粒粗细对渗透率有明显的控制作用。

表4.8 不同层段粒度分析结果表（平均）

井号	储层井段，m	层位	砾石含量 %	粗砂含量 %	中砂含量 %	细砂含量 %	粉砂含量 %	黏土含量 %	平均孔隙度 %	平均渗透率 mD	样本数
WZ11-A-1	2897~2905	L3	13	27.8	8.9	14.1	28	8	10.12	4.07	16
WZ11-A-1	2600~2608	L3	17.88	31.16	13.86	18.06	15.45	3.59	10.59	47.34	32
WZ11-A-6	2210~A215	L1	8.9	22.8	5.7	20.3	31.8	10.4	14.36	29.22	15
WZ11-A-6	2220~2235	L1	17.5	52.6	10.1	9.3	8.2	2.3	19.53	3776.7	41
WC9-B-1	3855~3858	ZH3	0	1.1	16	34	33	16	9.86	0.21	9
WC10-A-1	3331~3342	ZH1	0	5.9	26.6	26.7	31	9.9	10.67	3.2	21
WC10-A-1	3754~3772	ZH3	0	4.6	6.9	32.2	42.9	13.4	11.9	3.15	44

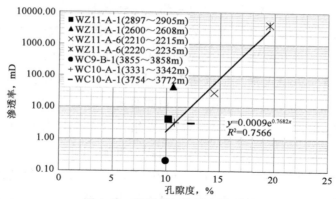

图4.55　孔隙度与渗透率关系图

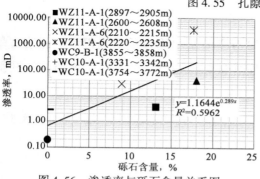

图4.56　渗透率与砾石含量关系图

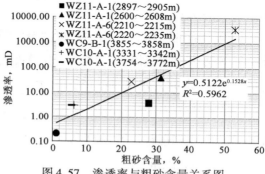

图4.57　渗透率与粗砂含量关系图

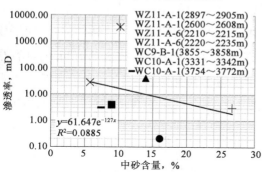

图4.58　渗透率与中砂含量关系图

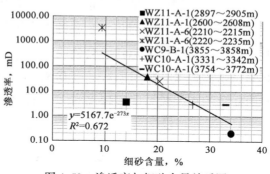

图4.59　渗透率与细砂含量关系图

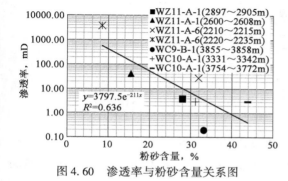

图4.60　渗透率与粉砂含量关系图

图4.61　渗透率与黏土含量关系图

由图 4.55 可见，WC9 – B – 1 井 3855 ~ 3858m 井段的平均孔隙度为 9.86%，但是其渗透率值却明显偏离了正常的孔—渗趋势线，远小于相同孔隙度条件下的渗透率值，从表 4.8 可以看出，造成此现象的原因是 WC9 – B – 1 井该层段的粉砂与黏土含量高；而 WZ11 – A – 1 井 2600 ~ 2608m 深度的渗透率却明显高于孔—渗趋势线的值，同样由粒度分析结果可以看出，主要是由于该层段含有较高含量的砾石与粗砂所致。

从图 4.56 至图 4.61 可见，渗透率与各岩石组分含量都具有不同的相关关系，但是由于目前测井解释中还不能准确得到这些岩石组分准确的计算结果，因而不能充分利用这些信息来对渗透率进行评价。然而粒度分析中粉砂含量与黏土含量之和在测井解释中一般表示为泥质含量，从图 4.60 和图 4.61 可以看出，渗透率与粉砂以及黏土含量都呈现出很好的负相关关系。

根据上面的分析，在相同孔隙度条件下，渗透率值受泥质含量影响很大，泥质含量高，其渗透率值明显降低；因此把孔隙度与泥质含量综合考虑，得到一个泥质校正孔隙度值 ϕ_x，具体定义如式（4.15）所示：

$$\phi_x = \phi \times (1 - V_{cl}) \tag{4.15}$$

式中　ϕ_x——泥质校正孔隙度，%；

　　　ϕ——孔隙度，%；

　　　V_{cl}——泥质含量（其值为粒度分析中的粉砂含量与黏土含量之和），小数。

利用式（4.15）对表 4.8 中的数据进行处理，得到相应的 ϕ_x 值，把该值与对应层段的平均渗透率值作出二者的交会图，如图 4.62 所示。从图中得出渗透率值与 ϕ_x 具有很好的幂函数关系，相关系数达到 0.8893，对比于渗透率与孔隙度、黏土含量和粉砂含量的单变量的相关关系明显提高很多，因此利用此方法建立相应的渗透率模型是合适的。

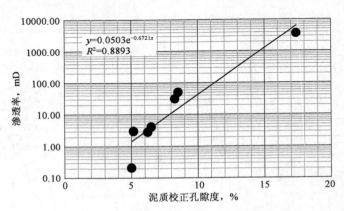

图 4.62　泥质校正孔隙度与渗透率关系图

综上所述，渗透率大小明显受岩石的颗粒大小以及组分含量高低的影响，因此不同岩性的孔渗模型应该不同；岩石中泥质含量对渗透率产生的影响很大，要想得到精确的储层渗透率，除了考虑孔隙度大小以外，还应该同时考虑泥质含量的影响。

通过图4.62可见，泥质校正孔隙度与渗透率的拟合性更好，因此利用8口井387颗岩心的粒度分析以及常规物性分析结果来研究泥质含量的渗透率模型，将这些岩心根据测井曲线的特征按层平均后读取均值，见表4.9。表中的孔隙度和渗透率为常规分析结果，泥质含量为粒度分析中孔隙度 $\phi > 7\%$ 的颗粒成分的总和。使用表中数据作出渗透率与 ϕ_x 的交会图（图4.63），由图可见渗透率与 ϕ_x 有比较好的相关关系，满足计算的精度要求。虽然表4.9中的样品没有分地区、分层位，但基本都为不含砾的砂岩，因此得到的模型也适合于南海西部地区。

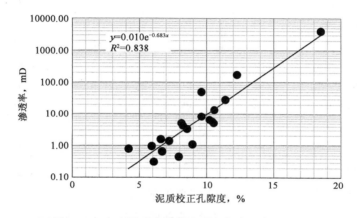

图4.63 考虑泥质含量的孔隙度与渗透率交会图

从上面分析可知，储层渗透率很大程度上受岩石的颗粒成分控制。实际上，在不含砾的砂岩储层中，当岩性由粗砂岩往粉砂岩变化过程中，岩石中的细颗粒成分、泥质含量也是在逐渐增加的。因此，在计算渗透率时考虑泥质含量，也就是考虑了岩性的变化，由此得到渗透率与孔隙度、泥质含量的计算关系，如式（4.16）所示：

$$K = 0.01 \times e^{0.683\phi_x}$$ （4.16）

式中 K——渗透率，mD；

ϕ_x——泥质校正孔隙度，%，其计算公式见式（4.15）。

表4.9 岩心分析结果数据表

井号	储层井段，m	层位	泥质含量，%	平均孔隙度%	平均渗透率mD	样本数
WZ11 – A – 1	2897 – 2905	L3	18	10.12	4.07	16
WZ11 – A – 1	2600 – 2608	L3	9.52	10.59	47.34	32
WZ11 – A – 6	2210 – A215	L1	21.1	14.36	29.22	15
WZ11 – A – 6	2220 – 2235	L1	5.25	19.53	3776.7	41

井号	储层井段，m	层位	泥质含量,%	平均孔隙度%	平均渗透率mD	样本数
WC10 – A – 1	3331 – 3342	ZH1	20. 45	10. 67	3. 2	21
WC10 – A – 1	3754 – 3772	ZH3	28. 15	11. 9	3. 15	44
WC10 – A – 1	3684 – 3691	ZH3	17. 6	9. 9	4. 8	19
WC10 – A – 1	3343 – 3345	ZH3	25. 50	14. 10	5. 04	6
WC10 – A – 1	3345 – 3355	ZH3	27. 7	14. 6	13. 3	27
WC10 – A – 1	3397 – 3402	ZH3	30. 7	14. 9	6. 1	13
WC9 – A – 1	3673 – 3679	ZH3	6. 4	9. 6	1. 1	19
WC9 – A – 1	4221 – 4231	ZH3	6. 36	6. 5	0. 31	28
WC9 – A – 1	3663 – 3665	ZH3	9. 8	8. 8	0. 46	5
WC9 – A – 1	3217 – 3227	ZH1	20. 3	5. 31	0. 82	22
WC9 – A – 3	3797 – 3801	ZH3	7. 1	13. 2	166. 7	9
WC9 – A – 3	3792 – 3797	ZH3	10. 3	10. 7	7. 83	16
WC9 – A – 3	3996 – 4006	ZH3	19. 3	8. 2	1. 47	23
WC9 – A – 3	3988 – 3995	ZH3	25. 9	9. 1	0. 65	17
WC9 – B – 1	3855 – 3858	ZH3	23. 9	9. 5	1. 43	5
WC9 – B – 1	3798 – 3801	ZH3	24	7. 8	0. 89	9

根据式（4.16）得到的模型，对30口取心资料全面或者有核磁测井资料的井进行渗透率计算。图4.64为WC10 – A – 1井的处理成果图，图中第五道中红色曲线PERZ代表利用上面得到的渗透率模型计算的结果，第七道中实心点代表了岩心粒度分析泥质含量。从图可以看出，当泥质含量和孔隙度这两个值的计算结果都与岩心分析结果一致时，利用模型计算的渗透率与岩心分析渗透率吻合程度高，说明模型计算的渗透率可靠，适用于处理实际井资料。

图4.65为WC9 – A – 3井的处理成果图，从图中可见不管是核磁渗透率，还是利用模型计算的渗透率都与岩心分析结果对不上。细查岩心分析结果发现在3790～3800m深度范围的岩性基本为含砾砂岩或者砂砾岩，因此，为了提高渗透率计算结果的准确性，首先必须从地层中抠除含砾砂岩储层，并单独计算此类储层的渗透率。

2）涠洲区渗透率计算模型

对涠洲区大量的岩心常规物性分析资料进行分析，根据分层位、分岩性的原则建立涠洲区孔隙度—渗透率模型。对比岩心岩性资料可知，该区目的层段主要存在中—细砂岩、粉砂岩和含砾砂岩这三种岩性，其中又以中—细砂岩为主。因此分别建立了这三种岩性的孔渗模型，见图4.66至图4.69。图4.66的样本点包括了WZ11 – A – 4、WZ11 – A – 2、

WZ11 – A – 3、WZ11 – A – 4、WZ11 – A – 6 和 WZ11 – A – 1 等 8 口井 256 块岩心数据；

图 4.67 的样本点包括了 WS16 – 1 – 4、WZ11 – A – 2、WZ11 – C – 2、WZ11 – B – 2 和

WZ11 – A – 4 等 9 口井 212 块岩心数据；图 4.68 的样本点包括了 WZ11 – A – 2、WZ11 –

A – 3、WZ11 – A – 4 和 WZ11 – A – 2 等 8 口井 70 块岩心数据；图 4.69 的样本点包括了

WZ11 – A – 2、WZ11 – A – 6、WZ11 – A – 2、WZ11 – A – 2、WZ11 – A – 4 和 WZ11 – B – 2

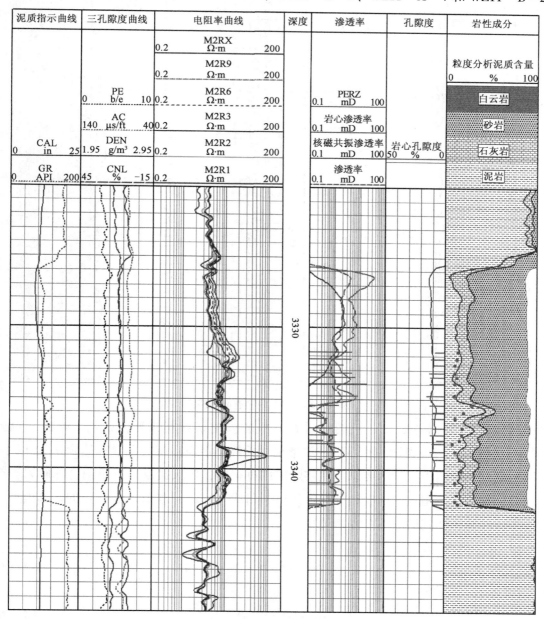

图 4.64　WC10 – A – 1 井渗透率处理成果图

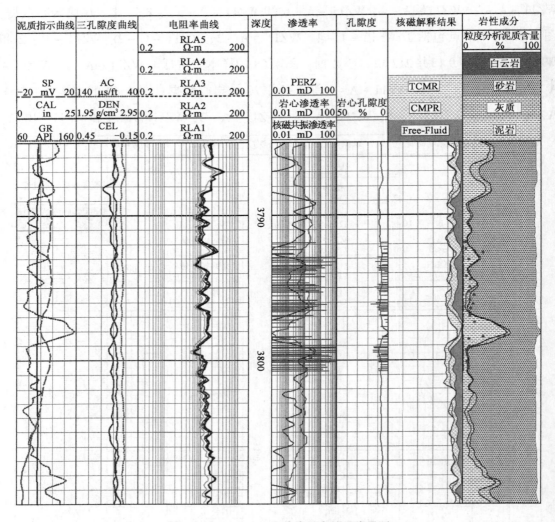

图 4.65 WC9 – A – 3 井渗透率处理成果图

等 13 口井 337 块岩心数据。从图可得到相应的渗透率计算模型，见式（4.17）至式（4.20）。可见这三种岩性的孔隙度与渗透率相关性都很高，相关系数都达到 0.71 以上，可以满足储层渗透率的计算要求。在实际应用过程中，先依据录井资料把含砾砂岩和粉砂岩储层挑出，使用相应的模型计算，然后利用式（4.17）和式（4.18）的计算模型分层段进行计算，得到储层的合理渗透率。

L1 段中—细砂岩：

$$K = 0.0001\mathrm{e}^{0.6603\phi}, \ R^2 = 0.89 \tag{4.17}$$

L3 段中—细砂岩：

$$K = 0.003\mathrm{e}^{0.477\phi}, \ R^2 = 0.71 \tag{4.18}$$

粉砂岩：

$$K = 0.004e^{0.435\phi}, \quad R^2 = 0.73 \tag{4.19}$$

含砾砂岩：

$$K = 0.016e^{0.507\phi}, \quad R^2 = 0.80 \tag{4.20}$$

式中　K——渗透率，mD；

　　　ϕ——孔隙度，%。

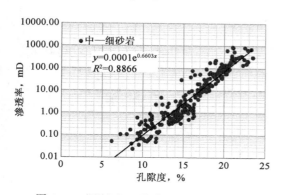

图4.66　涠洲区 L1 段中—细砂岩孔隙度
与渗透率关系图

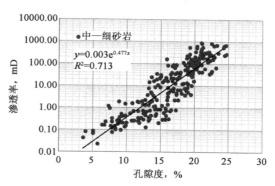

图4.67　涠洲区 L3 段中—细砂岩孔隙度
与渗透率关系图

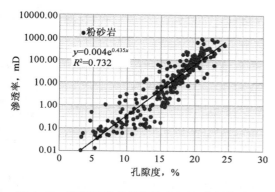

图4.68　涠洲区粉砂岩孔隙度与渗透率关系图

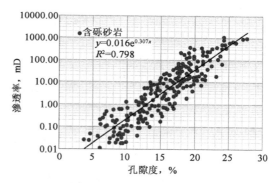

图4.69　涠洲区含砾砂岩孔隙度与渗透率关系图

3）文昌区渗透率计算模型

对文昌区大量的岩心常规物性分析资料进行分析，根据分层位、分岩性的原则建立文昌区孔隙度—渗透率模型，见图4.70至图4.73。文昌区 ZH1 和 ZH2 段岩性主要为中—细砂岩，有些层段发育粗砂岩或者为含砾砂岩，其中含砾砂岩的渗透率值都明显偏高，因此需要对该岩性类型的储层单独建立相应的孔隙度—渗透率模型。图4.70 的样本点包括了 WC9 - A - 1 和 WC10 - A - 1 这 2 口井221 块岩心数据；图4.71 的样本点包括了 WC10 - A - 1、WC10 - A - 1、WC19 - A - 1、WC9 - B - 1 和 WC9 - A - 3 等 7 口井332 块岩心数据；图4.72 的样本点包括了 WC9 - A - 3、WC19 - A - 1、WC10 - A - 1 和

WC9 - B - 1 等 7 口井 102 块岩心数据。由图 4.70 至图 4.73 可得到文昌区的渗透率计算模型，见式（4.21）至式（4.24），模型的相关系数都达到 0.8 以上，可以满足储层渗透率的计算要求。在实际应用过程中，先依据录井资料把含砾砂岩储层挑出，使用相应的模型对其处理，然后利用式（4.21）和式（4.23）的计算模型分层段进行处理，最后得到储层的合理渗透率。

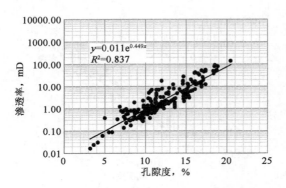

图 4.70 文昌区 ZH1 段孔隙度与渗透率关系图

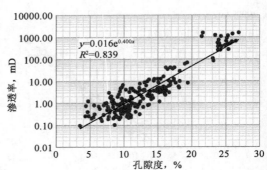

图 4.71 文昌区 ZH2 段中—细砂岩孔隙度
与渗透率关系图

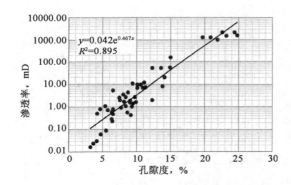

图 4.72 文昌区 ZH2 段中—粗砂岩孔隙度与
渗透率关系图

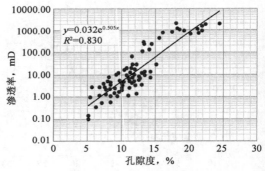

图 4.73 文昌区含砾砂岩孔隙度与渗透率关系图

ZH1 段：

$$K = 0.011 \mathrm{e}^{0.449\phi}, \ R^2 = 0.84 \tag{4.21}$$

ZH2 段中—细砂岩：

$$K = 0.016 \mathrm{e}^{0.4\phi}, \ R^2 = 0.84 \tag{4.22}$$

ZH2 段中—粗砂岩：

$$K = 0.042 \mathrm{e}^{0.467\phi}, \ R^2 = 0.89 \tag{4.23}$$

含砾砂岩：

$$K = 0.032 \mathrm{e}^{0.505\phi}, \ R^2 = 0.83 \tag{4.24}$$

式中　K——渗透率，mD；

　　　ϕ——孔隙度，%。

4.2.3　束缚水饱和度模型

储层的束缚水饱和度是流体—岩石之间综合特性的反映，主要取决于岩石孔隙毛细管力的大小与岩石对流体的润湿性。束缚水主要由毛细管束缚水和薄膜束缚水两部分所组成。毛细管束缚水指油藏形成过程中，驱动压力无法克服毛细管力而滞留于微小毛细管孔道和颗粒接触处的残留水。这部分束缚水占据的孔隙是如此之小，孔壁表面分子作用力达到或几乎达到孔隙的中心线，以至保留在其中的水不能流动。薄膜束缚水则指由于表面分子的作用，而滞留在亲水岩石孔壁上的薄膜残留水。因此，从这个意义上说，地层的束缚水含量显然与岩石的孔隙结构及岩石比表面有着十分密切的关系。

影响储层束缚水饱和度大小分布的因素很多，主要有孔喉直径、粒度、孔隙度、渗透率、油气柱高度、泥质含量、粉砂含量、岩石比表面、分选系数等因素。这些因素并不是独立影响束缚水饱和度大小的，而是相互联系，互为因果，并存在着明显的交互影响，它们都能间接地通过孔隙度与渗透率体现出来。孔隙度小的岩石，其孔隙结构一般较为复杂，孔隙空间较小，喉道较细，因而能束缚较多的水，形成高束缚水饱和度。而孔隙空间大、孔隙结构简单、孔隙喉道大的岩石，具有较大的流体渗透能力，它不能束缚较多的地层水。因而，孔隙度和渗透率能间接反映束缚水饱和度的大小。

图4.74和图4.75是利用了涠洲区87块半渗隔板实验得到的该区L1段和L3段驱替压力为0.69MPa状态下的束缚水饱和度与$\sqrt{K/\phi}$关系图，其中L1段岩心为64块，L3段为23块。图4.76利用了文昌区39块半渗隔板实验结果得到的驱替压力为0.69MPa状态下的束缚水饱和度与$\sqrt{K/\phi}$关系图，由于该区的实验岩心数据较少，所以该区没有划分层位建模。由图可见，S_{wi}与$\sqrt{K/\phi}$有较好的相关性。因此可以得到研究区的束缚水饱和度计算模型，具体关系表达式见式（4.25）至式（4.27）。

涠洲区L1段：

$$S_{wi} = 42.7 \left(\sqrt{K/\phi} \right)^{-0.27}, \quad R^2 = 0.76 \tag{4.25}$$

涠洲区L3段：

$$S_{wi} = 41.7 \left(\sqrt{K/\phi} \right)^{-0.25}, \quad R^2 = 0.66 \tag{4.26}$$

文昌区ZH组：

$$S_{wi} = 28.65 \left(\sqrt{K/\phi} \right)^{-0.46}, \quad R^2 = 0.83 \tag{4.27}$$

式中　S_{wi}——束缚水饱和度，%；

K——渗透率，mD；

ϕ——孔隙度，%。

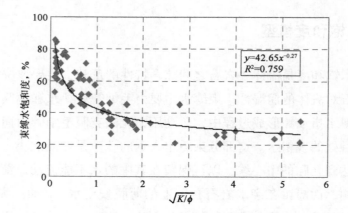

图 4.74　涠洲区 L1 段束缚水饱和度与 $\sqrt{K/\phi}$ 关系图

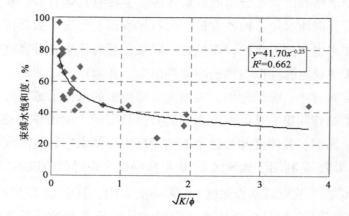

图 4.75　涠洲区 L3 段束缚水饱和度与 $\sqrt{K/\phi}$ 关系图

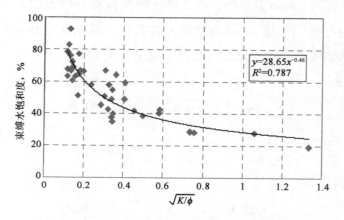

图 4.76　文昌区 ZH 组束缚水饱和度与 $\sqrt{K/\phi}$ 关系图

4.2.4　含水率计算模型

在油层内部，地层水以束缚态分布于流体不易流动的微小毛细孔隙内或被吸附在亲水岩石的颗粒表面。油主要占据在较大的孔喉内或流动阻力较小的部位，从而形成只有油流动而水不流动的状态。这种分布特点，很大程度上决定着地下流体的流动特性和储层的产液性质。

当油水两相流体并存时，储层的产液性质可用多相共渗的分流量方程描述。若储层呈水平状，油、水各相的分流量可表示为

$$Q_o = -\frac{K_o A}{\mu_o} \frac{\partial p}{\partial L} \tag{4.28}$$

$$Q_w = -\frac{K_w A}{\mu_w} \frac{\partial p}{\partial L} \tag{4.29}$$

式中　Q_o，Q_w——油、水的分流量，t/d；

$\quad\quad$ K_o，K_w——油、水的有效渗透率，mD；

$\quad\quad$ μ_o，μ_w——油、水的黏度，mPa·s；

$\quad\quad$ $\dfrac{\partial p}{\partial L}$——压力梯度，MPa/cm；

$\quad\quad$ A——渗流截面积，cm²。

在一定压差条件下，储层的产液性质及各相流体的产量主要取决于单相流体的相对渗透率、渗流截面积和流体性质。而由于储层中往往存在多项流体，一般采用相对渗透率表示各单相流体的渗流能力，其定义如下：

$$K_{rw} = \frac{K_w}{K} \tag{4.30}$$

$$K_{ro} = \frac{K_o}{K} \tag{4.31}$$

式中　K_{rw}，K_{ro}——水、油的相对渗透率，其数值为 0~1。

根据分流量方程，可进一步求出多相共渗体系各相流体的相对流量，它们相当于分流量与总流量之比。对于油水共渗体系，储层的含水率为

$$F_w = \frac{Q_w}{Q_o + Q_w} \tag{4.32}$$

将式（4.28）、式（4.29）代入得

$$F_w = \frac{Q_w}{Q_o + Q_w} = \frac{\dfrac{K_w A}{\mu_w} \dfrac{\partial p}{\partial L}}{\dfrac{K_o A}{\mu_o} \dfrac{\partial p}{\partial L} + \dfrac{K_w A}{\mu_w} \dfrac{\partial p}{\partial L}} = \frac{1}{1 + \dfrac{K_{ro} \mu_w}{K_{rw} \mu_o}} \tag{4.33}$$

根据式（4.33）可得，储层的产液性质取决于各相流体的相对渗透率和油、水黏度。以下探讨油水相对渗透率模型的建立以及油、水黏度的确定方法。

1）油水相对渗透率模型的建立

含油饱和度的大小，并不是产层在生产测试过程中能否出水的唯一标准。对于束缚水含量高的产层，即使其油气饱和度小于50%，仍然可产无水油气。因此，油水相对渗透率的大小是判断储层产液性质最直接的参数，同时它也是求取含水率的必要参数。为此，利用涠洲油田 L1 和 L3 段实际相对渗透率分析资料，研究油水相对渗透率的求取方法，求取实际地层的含水率，并用其定量判别储层的流体性质。

涠洲油田储层岩性较复杂，通过对不同岩性的相对渗透率资料进行分析，可以发现不同岩性的实验结果具有一些差别，特别是含砾岩心与不含砾样品之间的差别。因此将研究区分目的层段、分岩性建立油水相对渗透率模型。图4.77是涠洲油田 L1 段（WZ6 - B - 3、WZ11 - A - 1、WZ11 - A - 4、WZ11 - A - 4、WZ11 - A - 4、WZ12 - A - 2 等井），岩性主要为中—细砂岩的油水相对渗透率实验结果，由实验结果进行多元非线性回归得到 L1 段油水相对渗透率的计算公式：

$$\begin{cases} K_{rw} = 0.262 \left(\dfrac{S_w - S_{wi}}{1 - S_{wi}} \right)^{1.787}, & R^2 = 0.734 \\ K_{ro} = \left(1 - \dfrac{S_w - S_{wi}}{1 - S_{wi}} \right)^{6.864 - 1.708 S_w}, & R^2 = 0.982 \end{cases} \tag{4.34}$$

式中　S_w，S_{wi}——由测井资料计算的含水饱和度和束缚水饱和度，小数；

　　　K_{rw}，K_{ro}——水相对渗透率和油相对渗透率，小数。

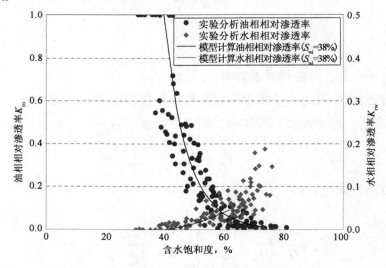

图 4.77　L1 段油水相对渗透率实验结果

由多元非线性回归的相关系数可看出，式（4.34）足以表达相对渗透率与含水饱和度和束缚水饱和度间的关系。图4.77中实线与虚线分别为 $S_{wi}=38\%$ 时由式（4.34）计算的水相对渗透率与油相对渗透率。

图4.78是涠洲油田 L3 段（WZ6 – B – 3、WZ11 – A – 2、WZ11 – B – 2 井）岩性主要为中—细砂岩的油水相对渗透率实验结果，由实验结果进行多元非线性回归得到 L3 段油水相对渗透率的计算公式：

$$\begin{cases} K_{rw} = 0.808 \left(\dfrac{S_w - S_{wi}}{1 - S_{wi}} \right)^{2.03}, & R^2 = 0.794 \\[3mm] K_{ro} = \left(1 - \dfrac{S_w - S_{wi}}{1 - S_{wi}} \right)^{18.79 - 18.653 S_w}, & R^2 = 0.776 \end{cases} \tag{4.35}$$

式中　S_w，S_{wi}——由测井资料计算的含水饱和度和束缚水饱和度，小数；

　　　K_{rw}，K_{ro}——水相对渗透率和油相对渗透率，小数。

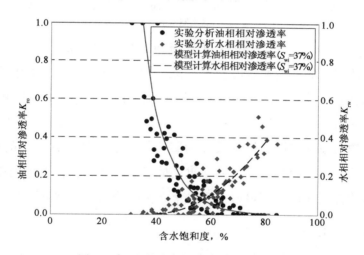

图4.78　L3 段油水相对渗透率实验结果

由多元非线性回归的相关系数可看出，式（4.35）足以表达相对渗透率与含水饱和度和束缚水饱和度间的关系。图4.78中实线与虚线分别为 $S_{wi}=37\%$ 时由式（4.35）计算的水相对渗透率与油相对渗透率。

图4.79是涠洲油田含砾砂岩（WZ11 – A – 4、WZ11 – B – 1、WZ11 – C – 2、WZ11 – A – 1、WZ11 – A – 2 井）样品的油水相对渗透率实验结果，由实验结果进行多元非线性回归得到含砾砂岩储层油水相对渗透率的计算公式：

$$\begin{cases} K_{rw} = 0.011 \left(1 - \dfrac{S_w - S_{wi}}{1 - S_{wi}} \right)^{-11.741 + 10.914 S_w}, & R^2 = 0.55 \\[3mm] K_{ro} = \left(1 - \dfrac{S_w - S_{wi}}{1 - S_{wi}} \right)^{17.063 - 15.846 S_w}, & R^2 = 0.921 \end{cases} \tag{4.36}$$

式中　S_w，S_{wi}——由测井资料计算的含水饱和度和束缚水饱和度，小数；

　　　K_{rw}，K_{ro}——水相对渗透率和油相对渗透率，小数。

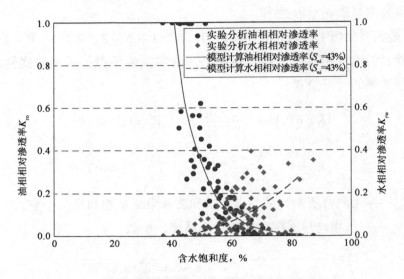

图 4.79　含砾砂岩储层油水相对渗透率实验结果

　　由多元非线性回归的相关系数可看出，式（4.36）足以表达相对渗透率与含水饱和度和束缚水饱和度间的关系。图 4.79 中实线与虚线分别为 $S_{wi}=43\%$ 时由式（4.36）计算的水相对渗透率与油相对渗透率。

　　文昌地区目的层段的储层流体性质多为凝析气类型，那么其储层的流体性质为油、气和水三相共存的状态，而含水率的模型建立是基于油水两相，因此利用含水率定量识别储层流体性质的方法在该区不可行，无法建立相应的油水相对渗透率模型。

　　2）油、水黏度的确定

　　水、油黏度比 μ_w/μ_o 也是影响含水率的另一个重要因素。在实际生产过程中得到的油、水黏度与实际油藏中的油、水黏度存在一定的差异，必须把在地面上常温常压测得的油、水黏度还原为实际油藏情况下的值。

　　将图 4.80 数字化，并进行多元回归可以得到水黏度与油藏温度以及地层水矿化度之间的关系，见式（4.37）。

$$\mu_w = (-0.0059a + 0.1674)b^4 + (0.0204a - 0.7734)b^3 +$$
$$(-0.0181a + 1.3758)b^2 + (-0.0038a - 1.3061)b + (0.0142a + 0.7906)$$

（4.37）

其中　　　　　　　　　　　$a = 矿化度/1000$

　　　　　　　　　　　　　$b = t/100$

式中 μ_w——地层水黏度，mPa·s；

     t——储层温度，℃

图 4.81 为矿化度为淡水至 120000mg/L，油藏温度为 0~175℃时，模型计算结果与原始数据对比分析图，由图可见，利用式（4.37）计算得到的水黏度与图 4.81 中的数据基本一致，因此认为式（4.37）的模型是可靠的。

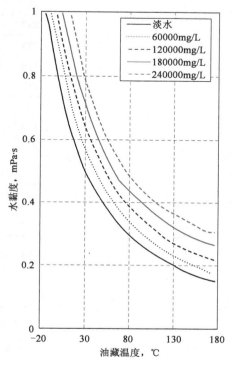 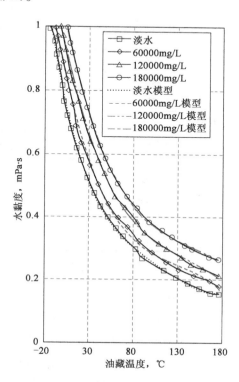

图 4.80 地层水黏度与矿化度、温度的关系图　　图 4.81 地层水黏度模型计算结果与原始数据对比图

处理过程结合本章 4.2.1 节中地层水电阻率确定方面的研究内容，知道地层水矿化度和地层温度后，通过式（4.37）可以计算得到地层水黏度。

表 4.10 为涠洲地区 10 口井 14 个由 DST 测试得到的地层原油样品经 PVT 分析得到实际地层温压条件下的原油黏度值。通过表 4.10 中的原油 PVT 分析结果，可以作出地层条件下原油黏度与取样深度之间的关系图，如图 4.82 所示。从图可以看出原油黏度与取样深度具有很好的相关关系，随着取样深度的增加，原油黏度逐渐减小，因此可以得到涠洲区的原油黏度与取样深度之间的关系式，见式（4.38）：

$$\mu_o = -0.0013H + 4.3962, \quad R^2 = 0.7414 \tag{4.38}$$

式中 μ_o——原油黏度，mPa·s；

     H——储层深度，m。

表 4.10   涠洲区地层条件 PVT 分析原油黏度

井名	取样深度 m	地层温度 ℃	地层压力 MPa	原油黏度 mPa·s	取样方式	分析方式
WZ6 – C – 2	3056	132.2	38.84	0.591	DST2	PVT
WZ6 – C – 2	3006	126.6	38.05	0.814	DST1	PVT
WZ6 – B – 1	2320	102.54	22.49	1.53	DST2	PVT
WZ6 – A – 1	2766	122.4	25.81	0.68	DST2	PVT
WZ6 – A – 1	2332	107.6	22.86	1.541	DST1	PVT
WZ11 – A – 4	2056.08	87.1	19.97	2.081	DST2	PVT
WZ11 – A – 4	2060.26	90.2	19.94	1.993	DST1	PVT
WZ11 – B – 1	3104	141.31	34.06	0.212	DST1b	PVT
WZ11 – B – 1	3335	145.24	34.68	0.375	DST1	PVT
WZ11 – A – 6	2185.2	114.7	28.11	0.87	DST1	PVT
WZ11 – A – 6	1698	85.1	16.45	1.665	DST1a	PVT
WZ11 – A – 6	1785	85.2	17.34	2.737	DST1b	PVT
WZ11 – A – 6	1805	91.2	17.02	2.024	DST2a	PVT
WZ11 – A – 2	2097	90.3	19.45	2.446	DST1	PVT
WZ11 – A – 4	2162	105.2	21.15	1.4	DST1	PVT

因此在实际储层评价过程中，根据储层的实际深度通过式（4.38）可以计算得到相应的原油黏度值。

图 4.83 为地层条件下原油黏度与温度关系图，若储层温度已知，利用图 4.82 或式（4.39）可估算原油黏度：

$$\mu_o = -0.0349t + 5.1833 , \quad R^2 = 0.8806 \tag{4.39}$$

式中 μ_o——原油黏度，mPa·s；

t——储层温度，℃。

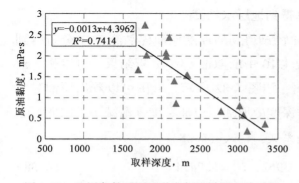

图 4.82   地层条件下原油黏度与取样深度关系图

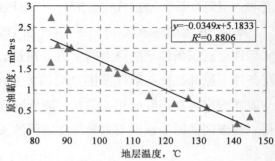

图 4.83   地层条件下原油黏度与温度关系图

第5章
低孔渗储层油气产出能力评价技术

　　储层有效渗透率是储层产能评价的关键参数之一，为了获取这一参数常用的方法是DST测试。DST测试技术通过稳态径向流压力恢复数据解释出有效（动态）渗透率，除此之外，还能解释出储层的有效流度和有效地层系数。但该测试技术在海上运用具有高风险、高难度和高成本等"三高"问题，导致其在海上低孔低渗储层油气井无法普遍运用。

　　虽然静态渗透率能由测井资料或者岩心分析方法获得，但其与基于DST测试（即试油）或者试采资料解释得到的有效渗透率的差别比较大，并且这两种渗透率之间无法直接建立转换关系。而电缆地层测试获取的资料可以准确得到储层某一深度的压力真实值、地层内部水平方向及垂直方向真实压力的变化情况，能够较好地反映地层流体有点源的稳定流出状态，能得到与试井解释流度表征意义相同的径向流流度。如果能有效地结合测井资料和电缆地层测试资料，建立起动静渗透率转换关系，那么不但能解决低孔低渗储层面临的DST测试"三高"问题，而且也能为低孔渗储层快速评价以及海上油气井作业决策提供可靠的依据。

　　为此，本章基于电缆地层测试资料，首先进行电缆地层测试压力响应规律分析、压力恢复分析和流度及渗透率解释，在此基础上，建立小尺度单点测压径向流渗透率与常规测井曲线的响应关系；再对测试层段进行逐点计算并随深度积分得到宏观地层流动系数，并使用DST测试分析的地层流动系数进行刻度，从而形成一套小尺度测压流度到中尺度测井流度曲线，到大尺度DST测试有效渗透率的储层动静态渗透率转换技术。

5.1　电缆地层测试渗透率解释方法数值模拟

5.1.1　数值模拟的理论基础

当油藏中流体的流动处于平衡状态（静止或稳定状态）时，若改变其中一口井的工作制度（改变流量或压力），在该井的井底将造成一个压力扰动，并且此扰动将随着时间的推移不断向井壁四周地层径向扩展，最后使油藏中流体的流动达到一个新的平衡状态。这种因工作制度改变产生压力扰动的不稳定过程与油藏、油井和流体的性质有关，通过仪器将压力扰动所导致的井底压力随时间的变化规律测量出来，并分析判断井和油藏的性质，这就是数值模拟的基本原理。

地层测试物理模型一般可以简化为圆柱形模型或者半球形模型，从而在柱坐标或者球坐标下求解扩散方程的解析解。但是由于真实地层具有各向异性、可压缩性，地层流体具有单相、多相、可压缩性、相态变化、组分变化等特点，地层流体的流动是非稳定流动、非等温流动，其运动受力比较复杂（如惯性力、黏性力、重力、毛管力等），如果再考虑固相堵塞带、非均匀介质和井眼的存在，将使定解问题的求解十分复杂，难以得到有效的解析解，但可以采用数值分析方法求解。

首先，建立地层测试的压力响应数学模型。

线性渗流方程：根据达西定律，忽略重力影响的三维达西公式为

$$\boldsymbol{v} = -\frac{\boldsymbol{K}}{\mu}\nabla p \tag{5.1}$$

式中　$\boldsymbol{v}$——流体速度矢量；

　　　$\boldsymbol{K}$——地层渗透率张量；

　　　μ——地层流体黏度，mPa·s；

　　　∇——Hamilton 算子；

　　　p——地层压力，MPa。

地层流体状态方程：由于地层流体具有微可压缩性，随着压力降低，体积发生膨胀，地层流体状态方程为

$$\rho = \rho_0 e^{C_t(p-p_0)} \tag{5.2}$$

式中　ρ——地层条件下流体密度，g/cm³；

　　　ρ_0——常数压力 p_0 下流体密度，g/cm³；

　　　C_t——地层和流体综合压缩系数，MPa⁻¹；

p_0——常数压力，MPa。

渗流连续性方程：地层流体渗流必须遵循质量守恒定律，也称为连续性原理，从而得到微可压缩性流体在弹性孔隙介质中的质量守恒方程为

$$\frac{\partial}{\partial t}(\rho\phi) + \nabla \cdot (\rho V) = 0 \tag{5.3}$$

式中　ϕ——地层孔隙度，% ；

　　　t——时间，s；

　　　V——地层流体体积。

由场论公式可得

$$\nabla \cdot (\rho V) = (\nabla\rho) \cdot V + \rho(\nabla \cdot V) \tag{5.4}$$

测试情形下的地层流体是一种微可压缩流体，其单元体积内密度引起的质量变化远远小于单元体内液体质量的变化量，即

$$(\nabla\rho) \cdot V \ll \nabla \cdot (\rho V) \tag{5.5}$$

结合式（5.4）和式（5.5），则式（5.3）可化为

$$\frac{\partial}{\partial t}(\rho\phi) + \rho(\nabla \cdot V) = 0 \tag{5.6}$$

则将式（5.1）、式（5.2）代入式（5.6），可得

$$\frac{\partial}{\partial t}\left[\phi\rho_0 e^{C_t(p-p_0)}\right] = \rho_0 e^{C_t(p-p_0)}\nabla \cdot \left(\frac{\boldsymbol{K}}{\mu}\nabla p\right) \tag{5.7}$$

化简得

$$\phi\mu C_t\frac{\partial p}{\partial t} = \nabla \cdot (\boldsymbol{K}\nabla p) \tag{5.8}$$

式（5.8）是三维坐标下的压力扩散微分方程。由于地层具有非均质性，其渗透率张量为

$$\boldsymbol{K} = \begin{pmatrix} K_{xx} & K_{xy} & K_{xz} \\ K_{yx} & K_{yy} & K_{yz} \\ K_{zx} & K_{zy} & K_{zz} \end{pmatrix} \tag{5.9}$$

显然，渗透率张量 $\boldsymbol{K}$ 具有与应力张量完全相同的形式，即 $\boldsymbol{K}$ 也是对称张量，也存在相应的主张量。对于各向异性地层，常假设渗透率主张量与井眼坐标系重合，即渗透率在 xy 平面内均为 K_h，在 z 方向上为 K_z。因此，渗透率张量可以表示为

$$\boldsymbol{K} = \begin{pmatrix} K_h & 0 & 0 \\ 0 & K_h & 0 \\ 0 & 0 & K_z \end{pmatrix} \tag{5.10}$$

式中　K_h——横向渗透率，mD；

$\quad\quad\quad K_z$——垂向渗透率，mD。

此时，式（5.8）描述的微分方程的一般形式为

$$K_h \frac{\partial^2 p}{\partial x^2} + K_h \frac{\partial^2 p}{\partial y^2} + K_z \frac{\partial^2 p}{\partial z^2} = \phi \mu C_t \frac{\partial p}{\partial t} \tag{5.11}$$

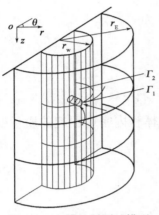

图 5.1　电缆地层测试模型
求解区域示意图

在电缆地层测试中，模型的求解区域如图 5.1 所示，其 z 轴与井轴重合，由于井壁地层具有对称性，使用柱形坐标系，此时，压力扩散微分方程可改写为

$$\frac{K_h \partial}{r \partial r}\left(r \frac{\partial p}{\partial r}\right) + \frac{K_h}{r^2} \frac{\partial^2 p}{\partial \theta^2} + K_z \frac{\partial^2 p}{\partial z^2} = \phi \mu C_t \frac{\partial p}{\partial t} \tag{5.12}$$

式中　r——径向距离，m；

$\quad\quad\quad \theta$——井周角，（°）；

$\quad\quad\quad z$——井眼轴向距离，m。

在求解区域中，井壁是一个封闭的界面，井筒内和储层中的空间不连通。其中，Γ_1 是在井壁处测试探头的面积，Γ_2 是井壁面积，r_w 为井眼半径。在进行地层测试时，测试探头处（即区域 Γ_1）以流量 $q(t)$ 抽吸地层流体。因此，探管过流面积近似处理为内半径是 r_p 的半球面，其面积为 $2\pi r_p^2$，探头处渗流服从达西定律，则

$$-v\big|_{r_v} = \frac{K_h \partial p}{\mu \partial r}\bigg|_r = \frac{q(t)}{2\pi r_p^2} \tag{5.13}$$

式中　v——地层流体速度，m/s；

$\quad\quad\quad r_v$——井壁半径，m；

$\quad\quad\quad r_p$——测试探头半径，m；

$\quad\quad\quad q(t)$——探管处流量，mL/s；

$\quad\quad\quad \mu$——流体黏度，cP。

在考虑仪器管线存储效应时，探管流量的公式为

$$q(t) = q_T(t) - \left[V_{pp} + q_T(t)\Delta t\right] C_t \frac{\partial p}{\partial t}\bigg|_{r=r_v} \tag{5.14}$$

式中　$q_T(t)$——测试室流量，等于测试室截面积乘以活塞移动速度；

$\quad\quad\quad V_{pp}$——仪器管线体积。

因此，区域 Γ_1 处的内边界条件为

$$\frac{\partial p}{\partial r}\bigg|_{r=r_w} = \frac{q\ (t)\ \mu}{2\pi r_p^2 K_h} \tag{5.15}$$

而对于区域 $\varGamma_2$ 所处的其余井壁壁面，是一个封闭的界面，井筒内和储层中的空间不连通，即压降梯度为 0，因此，区域 $\varGamma_2$ 处的内边界条件为

$$\frac{\partial p}{\partial r}\bigg|_{r=r_w} = 0 \tag{5.16}$$

因此，地层测试的内边界条件为

$$\begin{cases} \dfrac{\partial p}{\partial r}\bigg|_{r=r_w} = \dfrac{q(t)\mu}{2\pi r_p^2 K_h} & （求解条件\ \varGamma_1） \\[3mm] \dfrac{\partial p}{\partial r}\bigg|_{r_v} = 0 & （求解条件\ \varGamma_2） \end{cases} \tag{5.17}$$

在求解区域中，外边界条件为

$$p\ (r\rightarrow\infty,\ \theta,\ z,\ t)\ = p_i \tag{5.18}$$

式中，p_i 为原始地层压力，MPa。

初始条件下，求解区域的压力为原始地层压力 p_i，即

$$p\ (r,\ \theta,\ z,\ t=0)\ = p_i \tag{5.19}$$

压力扩散微分方程的求解常采用有限差分法，有限差分法对求解边界条件整齐的定解问题具有较强的实用性。但上述地层测试压力响应模型的边界条件并非齐次，因此需要使用变量替换方法将边界进行齐次化处理。

新设变量 N，V，U，并令 $N=p-p_i$，则

$$V = \begin{cases} \dfrac{q\ (t)\ \mu\ (r-r_p)}{2\pi r_p^2 K_h} \\[3mm] 0 \end{cases} \tag{5.20}$$

$$U = Q - V \tag{5.21}$$

$$\frac{\partial U}{\partial t} = a_c \left[\frac{K_h}{r}\frac{\partial}{\partial r}\left(r\frac{\partial pU}{\partial r}\right) + \frac{K_h}{r^2}\frac{\partial^2 U}{\partial\theta^2} + K_z\frac{\partial^2 U}{\partial z^2}\right] + f\ (r,\ \theta,\ z,\ t) \tag{5.22}$$

$$f\ (r,\ \theta,\ z,\ t)\ = a_c\frac{K_h}{r}\frac{\partial V}{\partial r} - \frac{\partial V}{\partial t} \tag{5.23}$$

$$a_c = \frac{1}{\phi\mu C_t} \tag{5.24}$$

$$\frac{\partial U}{\partial r}\bigg|_{r=r_w} = 0 \tag{5.25}$$

$$U_{r\rightarrow\infty} = 0 \tag{5.26}$$

$$\left.\frac{\partial U}{\partial r}\right|_{r=r_r} = 0 \tag{5.27}$$

$$U_{t=0} = 0 \tag{5.28}$$

将坐标与时间变量离散化：

$$\begin{cases} r_i = r_w + ih_r & (i=0,\ 1,\ \cdots,\ n) \\ \theta_j = jh_\theta & (j=0,\ 1,\ \cdots,\ m) \\ z_l = ln & (l=0,\ 1,\ \cdots,\ s) \\ t_k = k\tau & (k=0,\ 1,\ \cdots,\ T) \end{cases} \tag{5.29}$$

式中　h_r，h_θ，h_z，τ——空间步长和时间步长；

　　　n，m，s，T——空间步和时间步的网格数；

　　　i，j，k，l——节点编号；

　　　r_i，θ_j，z_l，t_k——节点。

这些节点将连续的四维空间离散化，共用了 $(n+1)\times(m+1)\times(s+1)\times(T+1)$ 个节点代替求解域空间。在四维空间节点 $(r_i,\ \theta_j,\ z_l,\ t_k)$ 上，可分别采用相应节点的差分方程近似代替对 t、r、θ 及 z 的导数。

$$U_{ijl}^{k+1} = a_0 U_{ijl}^k + a_1 U_{(i+1)jl}^k + a_2 U_{(i-1)jl}^k + a_3 U_{i(j+1)l}^k + $$
$$a_3 U_{i(j-1)l}^k + a_4 U_{ij(l+1)}^k + a_4 U_{ij(l-1)}^k + \tau f_{ijk}^k \tag{5.30}$$

$$a_0 = 1 - a_c \tau \left[\frac{1}{r_i h_r^2} K_{h,ij}\ (r_{i+0.5} + r_{i-0.5})\ + \frac{2}{(r_i h_\theta)^2} K_{h,ij} + \frac{2}{h_s^2} K_{z,j} \right] \tag{5.31}$$

$$a_1 = a_c \tau \frac{1}{r_i h_r^2} K_{h,ij} r_{i+0.5} \tag{5.32}$$

$$a_2 = a_c \tau \frac{1}{r_i h_r^2} K_{h,ij} r_{i-0.5} \tag{5.33}$$

$$a_3 = a_c \tau \frac{1}{(r_i h_\theta)^2} K_{h,ij} \tag{5.34}$$

$$a_4 = a_c \tau \frac{1}{h_z^2} K_{z,l} \tag{5.35}$$

在边界节点上：

$$U_{1jl}^k - U_{0jl}^k = 0$$

初始节点为

$$U_{ijl}^0 = 0$$

这样，就可以依次算出 $k=0$，1，$\cdots$，T 各层上的值 U_{kijl}，即不同时刻的值。

为了验证模型和算法的正确性，需要对比数值计算方法和解析方法的计算结果，以点源单相单测试室均质球形渗流问题为例进行分析，采用表5.1所示基础数据，分别计算不同地层渗透率（0.1mD、1.0mD 和 10.0mD）情况下的压力响应曲线，表5.1 为设定的地层及仪器参数。图5.2 为不同渗透率地层的压力响应曲线。图中 N 为数值计算方法计算的结果（压力响应曲线），A 为解析方法计算的结果（压力响应曲线）。

表5.1 设定的地层及仪器参数

地层压力，MPa	50	井眼半径，cm	21.6
地层孔隙度	0.2	探头半径，cm	0.5
地层流体黏度，mPa·s	1.0	抽吸速率，cm³/s	0.1
综合压缩系数，MPa⁻¹	0.0005	管线体积，cm³	200

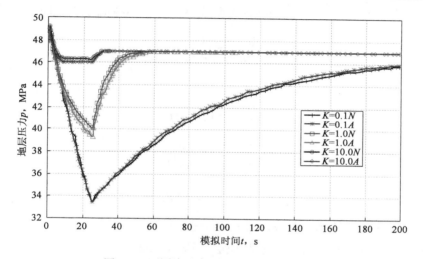

图5.2 不同渗透率地层的压力响应曲线

差分法数值模拟与解析解得到的压力响应曲线吻合良好，两者总体上表现出较好的一致性，变化规律也完全一致，仅存在微小差异：$K = 0.1$mD，最大误差为 0.29%；$K = 1.0$mD，最大误差为 1.9%；$K = 10.0$mD，最大误差为 0.19%；两种方法计算误差总体上小于 2%。

5.1.2 电缆地层测试资料分析理论基础

电缆地层动态测试器可以实时测量地层压力、水平渗透率和垂直渗透率。电缆地层测试器测试的压力记录包括三项信息：井内静液柱压力、地层关井压力和预测试时抽液所产生的短暂地层压力变化。其中，预测试的压力记录可显示封隔器在井壁的坐封情况，可作为检查仪器工作状态是否良好的依据，进而确定测压质量及是否可在测试点进行流体分析及取样；除此之外，预测试压力数据可以计算渗透率、确定油气水界面、评价地层连通情况、研究油层生产特性等。通常认为电缆地层测试资料解释的渗透率是多相流体在储层条件下的有效渗透率，其值采用压力恢复或压力下降法确定，反映地层流体在储层中的真实流动能力。

1）压降分析

电缆地层测试器在预测试室工作期间，由于探管半径很小，流动可以视作球形流动，球坐标系下的压力扩散方程为

$$\cdot\frac{K_h}{r^2}\frac{\partial}{\partial r}\left(r^2\frac{\partial p}{\partial r}\right)+\frac{K_h}{r^2\sin\theta}\frac{\partial}{\partial\theta^2}\left(\sin\theta\frac{\partial p}{\partial\theta}\right)+\frac{K_z}{r^2\sin^2\theta}\frac{\partial^2 p}{\partial\varphi^2}=\phi\mu C_t\frac{\partial p}{\partial t} \tag{5.36}$$

假设地层为各向同性，由于压降的抽吸量小，可以不考虑压力的时间变化。

$$\frac{1}{r^2}\frac{\partial}{\partial r}\left(r^2\frac{\partial p}{\partial r}\right)=0 \tag{5.37}$$

边界条件为

$$\begin{cases} p\ (r=r_p)\ =p_{wf} \\[2mm] \left.\dfrac{\partial p}{\partial r}\right|_{r=r_p}=\dfrac{qu}{2\pi r_p^2 K_d} \\[2mm] p\ (r\rightarrow\infty)\ =p_i \end{cases} \tag{5.38}$$

式中 p_{wf} ——井底测试压力，MPa；

K_d ——测试过程中，流体流动时地层渗透率，mD。

方程的解析解为

$$p_i-p_{wf}=\frac{qu}{2\pi r_p K_d} \tag{5.39}$$

令

$$\Delta p=p_i-p_{wf} \tag{5.40}$$

则

$$K_d=\frac{qu}{2\pi r_p\Delta p} \tag{5.41}$$

考虑不同流型情况，引入流型校正系数 C。

$$K_d=\frac{Cqu}{2\pi r_p\Delta p} \tag{5.42}$$

令

$$F=\frac{C}{2\pi r_p}K_d \tag{5.43}$$

$$K_d = F \frac{qu}{\Delta p}$$ (5.44)

2）压力恢复分析

当预测试室工作结束后，预测试室内充满流体，地层流体停止向探头方向流动，此时压力很快开始升高，逐步向原始地层压力恢复。刚开始时，压力恢复以球形方式向外传播，当传播到上下非渗透层界面时，由球形变成柱形传播，地层流体的流动主要发生在离探头较远的地层中，压力恢复分析可以得到油藏未被损害部分的信息。通过上面的分析，压力恢复分析包括两个阶段，球形压力恢复和柱形压力恢复。

（1）球形压力恢复：均匀无限大地层中，压力以探头为点源，以球状方式向外传播，压力扩散方程为

$$\frac{K_s}{r^2} \frac{\partial}{\partial r} \left(r^2 \frac{\partial p}{\partial r} \right) = \phi \mu C_t \frac{\partial p}{\partial t}$$ (5.45)

边界以及初始条件：

$$\begin{cases} p \ (t=0) \ = p_i \\ \left. \frac{\partial p}{\partial r} \right|_{r \to 0} = \frac{qu}{2\pi r^2 K_d} \\ p(r \to \infty) \ = p_i \end{cases}$$ (5.46)

$$p_i - p_{ws} = 8.0 \times 10^4 q \left(\frac{\mu}{K_s} \right)^{\frac{3}{2}} (\phi C_t)^{\frac{1}{2}} \cdot f_s \ (\Delta t)$$ (5.47)

其中的 $f_s \ (\Delta t)$ 为球形时间函数：

$$f_s \ (\Delta t) \ = \frac{1}{\sqrt{\Delta t}} - \frac{1}{\sqrt{T + \Delta t}}$$ (5.48)

式中　p_{ws}——球形流流体泵抽时探头压力传感器的观测数据，MPa。

在线性坐标上，$\Delta p = p_i - p$ 与 f_s 为一直线关系，直线斜率 m_s 为

$$m_s = 8.0 \times 10^4 \frac{q\mu}{K_s} \sqrt{\frac{\phi \mu C_t}{K_s}}$$ (5.49)

球形流渗透率：

$$K_s = 1856\mu \left(\frac{q}{m_s} \right)^{\frac{2}{3}} (\phi C_t)^{1/3}$$ (5.50)

（2）柱形压力恢复：从探头向外传播的压力遇到上、下部的不渗透界面时，球形传播就会转变成柱形传播。在柱坐标系下，扩散方程形式为

$$\frac{K_r \partial}{r \partial r}\left(r \frac{\partial p}{\partial r}\right) = \phi \mu C_t \frac{\partial p}{\partial t} \tag{5.51}$$

边界以及初始条件为

$$\begin{cases} p\ (t=0)\ =p_i \\[3mm] \left.\frac{\partial p}{\partial r}\right|_{r=r_p} = \frac{qu}{2\pi r h K_r} \\[3mm] p\ (r \to \infty)\ =p_i \end{cases} \tag{5.52}$$

$$p_i - p_{ws} = 88.4 \frac{q\mu}{Kh} f_r\ (\Delta t) \tag{5.53}$$

单测试室的仪器, 柱形压力恢复时间函数:

$$f_r\ (\Delta t)\ = \lg \frac{T+\Delta t}{\Delta t} \tag{5.54}$$

在线性坐标上, $\Delta p = p_i - p$ 与 f_r 为直线关系, 直线斜率 m_r 为

$$m_r = 88.4 \frac{q\mu}{K_r h},\ K_r = 88.4 \frac{q\mu}{m_r h},\ K_r h = 88.4 \frac{q\mu}{m_r} \tag{5.55}$$

第 i 点的时间为 t_i 的球形流压力导数:

$$\mathrm{d}ps_i = \frac{1}{2}\left[\frac{p_{i+1}-p_i}{\left(\frac{1}{\sqrt{t_i}}-\frac{1}{\sqrt{t_i+\Delta t}}\right)-\left(\frac{1}{\sqrt{t_{i+1}+1}}-\frac{1}{\sqrt{t_{i+1}+\Delta t}}\right)} + \frac{p_i-p_{i-1}}{\left(\frac{1}{\sqrt{t_{i-1}}}-\frac{1}{\sqrt{t_{i-1}+\Delta t}}\right)-\left(\frac{1}{\sqrt{t_i+1}}-\frac{1}{\sqrt{t_i+\Delta t}}\right)}\right]$$
$$\tag{5.56}$$

第 i 点时间为 t_i 的径向流压力导数:

$$\mathrm{d}pr_i = \frac{1}{2}\left(\frac{p_{i+1}-p_i}{\lg\frac{t_i+\Delta t}{t_i}-\lg\frac{t_{i+1}+\Delta t}{t_{i+1}}} + \frac{p_i-p_{i-1}}{\lg\frac{t_{i-1}+\Delta t}{t_{i-1}}-\lg\frac{t_i+\Delta t}{t_i}}\right) \tag{5.57}$$

式中　K_r——径向渗透率, mD;

　　　t_i——第 i 点的时间;

　　　p_i——t_i 对应的压力。

5.1.3　电缆地层测试压力响应规律分析

1) 表皮系数的影响

表皮系数源于地层测试, 是评价油气藏伤害程度的一个重要参数, 在评价储层完善程度方面占据着十分重要的地位。但是, 测试或试井分析所获得的表皮系数包括钻井、

完井过程中所有因素引起的各类表皮系数，是各种因素产生的表皮系数的总和，受到各种因素的制约。如果用总表皮系数作为评价储层伤害程度的依据，必然会产生偏差，导致措施针对性不强，从而影响措施的应用效果和生产效益。

由于地层测试探测波及区域主要是在探头附近，使表皮效应对测试结果影响较大，而且由于测试时间短、抽吸量小、波及范围小，使井周表皮区域对地层的测试影响更加显著，通常采用表皮系数表征表皮效应：

$$S = \left(\frac{K}{K_s} - 1 \right) \ln \frac{r_s}{r_w} \tag{5.58}$$

式中 S——表皮系数，无因次；

K_s——表皮区渗透率，mD；

r_s——表皮区半径，m；

K——油藏（未污染区）渗透率，mD。

S——表皮系数（当 $S > 0$ 时，正表皮，表示井壁受污染；当 $S = 0$ 时，无表皮，表示井壁未受污染；当 $S < 0$ 时，负表皮，表示井壁未受污染，增产措施见效）。

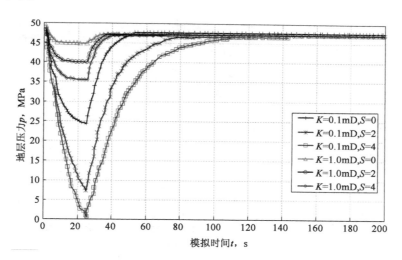

图 5.3 表皮影响差分数值模拟结果

图 5.3 显示了不同地层渗透率情况下，表皮系数对探头处压力响应的影响。表皮系数对压力响应的影响非常显著，主要表现在压降速率、压降幅度、压力恢复时间等方面。若表皮系数越低（即污染越轻），地层流体越容易流到测试探头，其附加压降越小，测试压降越小，压力恢复越快；若表皮系数越高（即污染越重），地层流体越难流到测试探头，其附加压降越大，测试压降越大，压力恢复就越慢。不同渗透率地层对表皮系

数敏感程度差异比较大；低渗透性地层，表皮效应的影响比较显著；中等渗透和高渗透性地层，表皮效应的影响相对减弱。

2）地层渗透率各向异性的影响

真实地层一般具有一定的各向异性，地层的各向异性可以利用垂向及水平渗透率来表征，地层渗透率的各向异性采用系数 η 表示。

$$\eta = \frac{K_{\mathrm{v}}}{K_{\mathrm{h}}} \tag{5.59}$$

图 5.4 是各向异性差分数值模拟结果，分析不同地层渗透率情况下，地层非均质系数 η 对测试压力响应的影响，结果不难看出：地层各向异性对压力响应的影响非常明显，其表现形式主要有压降速率、压降幅度、压力恢复时间等方面。不同渗透性地层，各向异性的影响不同，总体差异较大；对低渗透地层，各向异性的影响更为显著；对中等和高渗透地层，各向异性的影响相对减弱；地层各向异性的影响是由于地层在垂向和横向的渗透率不同所致，从而使得假设的球形渗流模型变为椭球形渗流模型，即测试时压力波在地层内的传播为椭球状，因此，不同各向异性，压力响应表现为测试压降和压力恢复时间不同。

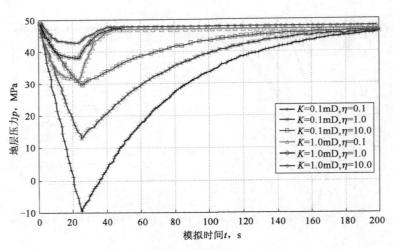

图 5.4　各向异性差分数值模拟

3）抽吸速率的影响

抽吸速率作为测试响应最主要、最显著的可控因素之一，通过数值模拟分析不同地层渗透率情况下抽吸速率 q 与测试压力响应曲线的关系，以研究其对平衡时的压降及压力恢复时间产生的影响。

图 5.5 是抽吸速率差分数值模拟图，由此可见，抽吸速率对压力响应的影响非常明

显，其表现形式主要有压降速率、压降幅度、压力恢复时间等方面，随着抽吸速率增加，最终压降逐渐增加，且基本呈线性关系。不同渗透率地层，对抽吸速率的敏感性差异比较大；对低渗透地层，抽吸速率的影响更为显著，若抽吸速率过大，可能产生较大真空度（即负压），而且由于地层供液能力弱，压力恢复时间长，不利于快速测得真实地层压力，因此，低渗透地层要求采用较低抽吸速率；对高渗透性地层，抽吸速率的影响相对减弱，主要是由于地层渗透率高，地层供液能力强，抽吸过程中达到平衡的时间短，因此，为了缩短测试时间，大都采用较大的抽吸速率，使其快速达到预定压降。

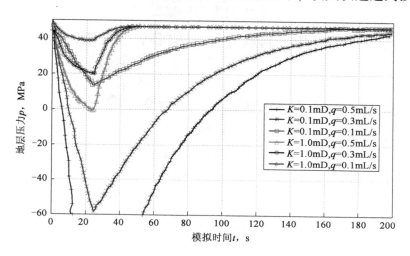

图 5.5 抽吸速率差分数值模拟图

5.1.4 电缆地层测试压力恢复分析

1）测试压力恢复分析

在压力恢复阶段，压力波以球形流模式传播（图 5.6），直到遇到非渗透性地层。在这个阶段，球形流模式将变为半球形流模式。最终，当遇到两个平行边界时，半球形流模式将变成径向流。

通过分析压力恢复阶段的数据可获得未破碎地层的流度估计，首先是通过压力导数特征图识别不同的流态。压力导数是一个常用的变换，它可表示压力随时间的变化率。

图 5.7 表示预测试时压力恢复阶段的恒定斜率的压力曲线。图中虚线与球形流时间函数相符合，实线与径向流时间函数相符合。关于球形流时间函数的压力导数呈较平缓趋势的那一部分时间段与流动呈球形时的那一段时间相符，这段时间间隔内，径向流时间函数的压力导数是 $-1/2$。同理，在一段时间内，当流动是径向时，径向流时间函数的压力导数是 0，同一段时间，球形流时间函数的压力导数是 $+1/2$。

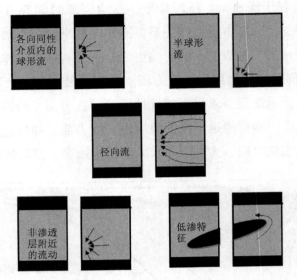

图 5.6　电缆地层测试器附近流动模式

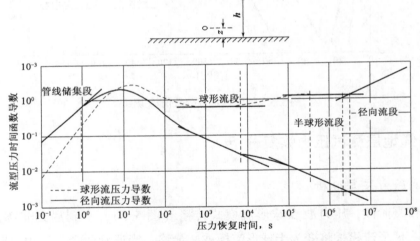

图 5.7　压力恢复时压力导数的双对数坐标图

在压力恢复阶段根据式（5.60）可计算出球形流：

$$f_s\left(\Delta t\right)=\frac{R}{\sqrt{\Delta t}}-\frac{R-1}{\sqrt{t_2+\Delta t}}-\frac{1}{\sqrt{t_p+\Delta t}} \tag{5.60}$$

式中　　Δt——从压力恢复开始所经历的时间，s。

　　　　R——两次预测试的流量比（q_1/q_2），如果只有一个预测值，$R=1$。

　　　　t_2——第二次压降流动时间，s，对于 MDT 仪器，$t_2=0$s。

　　　　t_p——压降流动时间，s。

在一次测试中，如果能观测到球形流，那么与 $f_s\left(\Delta t\right)$ 相对应的压力恢复阶段的压力曲线应该是一条与 m_s 斜率相同的直线。所以，球形流流度通过式（5.61）计算：

$$\left(\frac{K}{\mu}\right)_{sp} = 1856 \left(\frac{q_1}{m_s}\right)^{2/3} (\phi C_t)^{1/3} \tag{5.61}$$

式中 q_1——第一次预测试时的流量，m^3/s。

根据压力恢复阶段的数据，径向流时间函数可以通过计算得到，公式如下：

$$f_r(\Delta t) = \lg \frac{t_p + \Delta t}{t_2 + \Delta t} + R \times \lg \frac{t_2 + \Delta t}{\Delta t} \tag{5.62}$$

同样的，在一次测试中，如果能观测到径向流，那么与 $f_r(\Delta t)$ 相对应的压力恢复阶段的压力曲线应该是一条与 m_r 斜率相同的直线。所以，不同厚度层的流度都可以根据下式计算：

$$Kh/\mu = 88.1562 \frac{q_1}{|m_r|} \tag{5.63}$$

在压力曲线上，首先要识别不同的流体曲线，就可根据相应的曲线计算流度。图 5.7 中显示了球形流和径向流压力随时间变化的函数。这条直线的斜率被用作计算地层参数，如球形流流度（K/μ）、厚层的径向流流度（Kh/μ）和外推压力。

图 5.8、图 5.9 即是球形流和径向流的压力恢复分析图。从图 5.9 可看出，球形流是在 30~90s 范围，径向流是在 200~300s 范围。在图 5.8 中，上面一条线是球形流曲线，下面一条是径向流曲线。

下列原因可能导致通过单探针（MDT）测量计算的流度具有一定的不确定性：（1）探针被滤饼阻塞；（2）探针进入地层时对地层有所破坏；（3）探针附近的非达西流动；（4）探针附近的气体析出；（5）内部细小颗粒的迁移。

图 5.10 是压力恢复曲线示意图，压力的时间函数表现出早期、中期及晚期的明显特点。早期压力呈现出续流段，中期压力呈现出径向流段的变化，晚期压力变化受边界条件的约束。

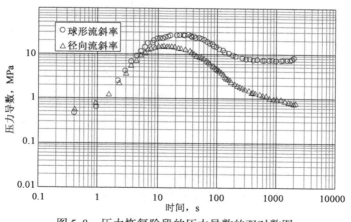

图 5.8 压力恢复阶段的压力导数的双对数图

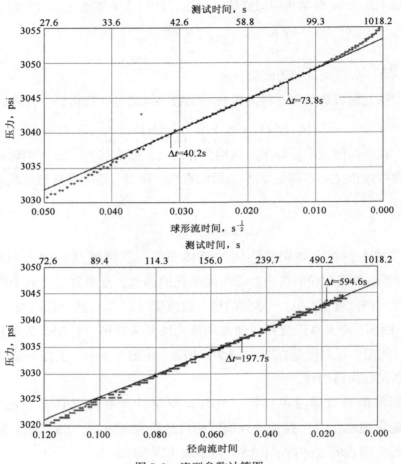

图 5.9　流型参数计算图

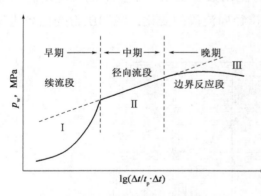

图 5.10　压力恢复曲线示意图

此外，在厚地层处将不会产生径向流，由单探针装置决定的流度是球形流流度。在各向异性地层，它受垂直流度和水平流度共同影响。如果没有额外的测量，它俩是不能被分开的。

另一个限制因素就是由 20cm³ 容量的预测室所引起的小的脉冲。这个预测试的容量是非常有限的，此外，它不能很好地控制流量或者压降的压力。

压降法提供的结果受环境因素的影响较大，如钻井液的污染对渗透率影响等。通常应用较少，工程上一般应用压力恢复法评价储层的渗透性。

压力恢复法评价地层的渗透率通常受评价模型的影响，应根据实际渗流情况选择合理的渗流模型。MDT探针测量模式通常为球形流动模式。

在径向流动阶段，实际井底恢复压力随时间的变化为霍纳公式：

$$p_{ws} = p_i - M_1 \lg \frac{t_p + \Delta t}{\Delta t} \qquad (5.64)$$

其中柱形时间函数：

$$f_c(\Delta t) = \lg \frac{t_p + \Delta t}{\Delta t} \qquad (5.65)$$

式中 p_{ws}——测量恢复压力，MPa；

　　　p_i——原始地层压力，MPa；

　　　Δt——压力恢复时间，s；

　　　t_p——流动时间即为压降时间，s；

　　　M_1——柱形压力恢复径向流斜率，MPa。

在半对数坐标系中，p_{ws} 与 $(t_p + \Delta t)/\Delta t$ 的关系曲线（也称霍纳曲线）是一直线。

在球形压力恢复阶段，实际井底恢复压力随时间的变化为

$$p_i - p = M_2 \cdot f(\Delta t) \qquad (5.66)$$

式中的 $f_s(\Delta t)$ 为球形时间函数：

$$f_s(\Delta t) = \frac{1}{\sqrt{\Delta t}} - \frac{1}{\sqrt{t_p + \Delta t}} \qquad (5.67)$$

在线性坐标上，$\Delta p = p_i - p$ 与 f_s 为一直线关系。

球形压力导数的计算公式如下：

第 i 点的时间为 t_i 的球形流压力导数：

$$\mathrm{d}ps_i = \frac{p_{i+1} - p_i}{\left(\dfrac{1}{\sqrt{t_i}} - \dfrac{1}{\sqrt{t_i + t_p}}\right) - \left(\dfrac{1}{\sqrt{t_{i+1}}} - \dfrac{1}{\sqrt{t_{i+1} + t_p}}\right)} \qquad (5.68)$$

第 i 点的时间为 t_i 的径向流压力导数：

$$\mathrm{d}pr_i = \frac{p_{i+1} - p_i}{\lg \dfrac{t_{i+1} + t_p}{t_{i+1}} - \lg \dfrac{t_i + t_p}{t_i}} \qquad (5.69)$$

式中 t_p——生产时间，s；

　　　t_i——压力恢复时间，s。

分别以球形流压力导数和径向流压力导数为纵坐标，以 t_i 为横坐标作双对数图（图5.8）。

球形流：

$$\mathrm{d}p/\mathrm{d}(1/\Delta t^{0.5}) = -2\Delta t^{3/2} \frac{\mathrm{d}p}{\mathrm{d}\Delta t} \propto \Delta t \qquad (5.70)$$

径向流：

$$\mathrm{d}p/\mathrm{d}(\lg \Delta t) = \ln 10 \Delta t \frac{\mathrm{d}p}{\mathrm{d}\Delta t} \propto \Delta t \qquad (5.71)$$

对于球形流动，MDH 判定公式，显然有

$$\mathrm{d}p/\mathrm{d}\ (1/\Delta t^{0.5})\ =\ -2\ (\Delta t_{\mathrm{e}}^{3/2}p'_{\mathrm{e}}-\Delta t_{\mathrm{h}}^{3/2}p'_{\mathrm{h}})\ =0 \tag{5.72}$$

式中，Δt_{e}、Δt_{h} 表示球形流直线段内的任何两个时间点，且 $\Delta t_{\mathrm{e}} > \Delta t_{\mathrm{h}}$；$p'_{\mathrm{e}}$、$p'_{\mathrm{h}}$ 分别表示与实践对应的压力导数，则有

$$\frac{\lg\ (\ln 10 t'_{\mathrm{e}}p'_{\mathrm{e}})\ -\lg\ (\ln 10 t'_{\mathrm{h}}p'_{\mathrm{h}})}{\lg t_{\mathrm{e}}-\lg t_{\mathrm{h}}}=1+\frac{\lg p'_{\mathrm{e}}-\lg p'_{\mathrm{h}}}{\lg t_{\mathrm{e}}-\lg t_{\mathrm{h}}}=-0.5$$

$$\tag{5.73}$$

$$\frac{\lg p'_{\mathrm{e}}-\lg p'_{\mathrm{h}}}{\lg t_{\mathrm{e}}-\lg t_{\mathrm{h}}}=-1.5$$

式（5.73）即球形流时，球形压力导数曲线在双对数坐标系下出现平直直线段，径向压力导数曲线在双对数坐标系下出现斜率为 -0.5 的直线段，梯度曲线在双对数坐标系下出现斜率为 -1.5 的直线段。

同理证明，在径向流动阶段，径向流梯度曲线在双对数坐标系下出现平直直线段，球形梯度曲线在双对数坐标系下出现斜率为 0.5 的直线段，梯度曲线在双对数坐标系下出现斜率为 -1 的直线段。

通过拟合在双对数图上找出球形流曲线斜率为零，同时径向流曲线斜率为 -0.5 的曲线段，该曲线段对应的时间即为球形流时间。再通过拟合找出球形流曲线斜率为 0.5 的曲线段，同时找出径向流曲线斜率为 0 的曲线段，该曲线段对应的时间即为径向流动时间。一般情况下先出现球形流动，再出现径向流动。

图 5.11 是以球形流时间 $1/\sqrt{t}-1/\sqrt{t+t_{\mathrm{p}}}$ 为横坐标，恢复压力 p_{ws} 为纵坐标作压力与时间关系图，在球形流动阶段拟合出一条压力与时间的关系直线，其直线的斜率就是球形恢复曲线的斜率 M_1，截距为原始地层压力。

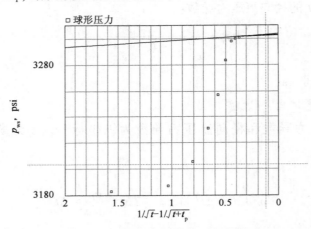

图 5.11　球形流压力恢复时间关系图

图 5.12 是以径向流时间 $\lg\ [(t+t_{\mathrm{p}})/t]$ 为横坐标，压力恢复为纵坐标作压力与时

间关系图，在径向流动阶段根据实测点拟合出压力与时间的关系直线，直线的斜率就是径向流动斜率 M_2，截距为原始地层压力。

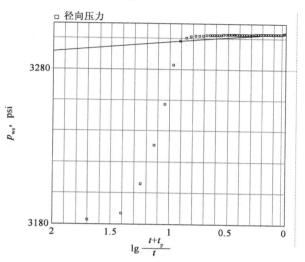

图 5.12　径向流压力恢复时间关系图

电缆地层测试仪器在低孔渗地层中测压时，经常会出现超压、致密或坐封失败的情况：

（1）超压点：低渗透率地层，预测试时压降很大，地层压力恢复缓慢，恢复地层压力值偏高，高于相邻深度点地层压力值。

（2）致密点：预测试期间没有或很少有流体进入预测试室，压力没有恢复，压力值极低，降至零或出现负值。

（3）坐封失败点：当封隔器不能使吸管的流通通道与钻井液隔开时，坐封失败，测试压力值保持为钻井液柱静止压力值。

上述三种测压点地层压力恢复值偏高或偏低，无法求取地层流体密度值，均归于不可用点；但此类测压点可有助于判断储层物性，确定取样点位置，取出地层流体样品。

2）泵抽压力恢复分析

在取样模式下，电缆地层测试仪器的泵抽过程从地层中抽取大量的流体，对地层压力造成一个相对于压力预测试模式而言更大的压力扰动，此扰动的响应能更多地反映原状地层信息。

取样测试中，泵抽结束后继续测量压力恢复过程中探头的压力变化可得到泵抽模式的压力变化曲线，结合泵抽过程中的流量记录数据分析泵抽模式的压降以及压力恢复过程，可得到地层渗透率、地层压力等结果。

使用前述的压力时间导数的方法来处理压力恢复曲线，可计算出地层的径向渗透率。在实际处理过程中，由于泵抽过程中流量的不稳定扰动，在压力时间函数导数图上径向流形态多数情况下不明显，难以提取到径向流时间段，导致计算的流度可靠度较差，甚至无法得到结果。这种情况下，建议使用试井分析方法，使用正演回归拟合的方法来处理数据。

图5.13 为LS25 – A – 1 井的3540.23m点泵抽后压力恢复处理图，计算得到的径向渗透率为42.891mD，原服务方报告中的结果为20.2mD，计算结果有一定误差。

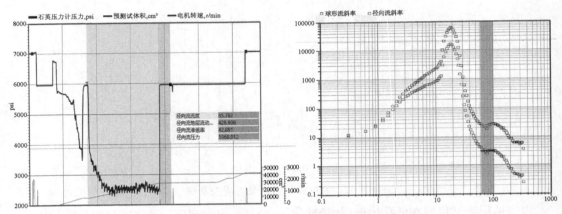

图5.13 LS25 – A – 1 井3540.23m点泵抽后压力恢复处理结果

图5.14 是 LS25 – A – 1 井 3543～3548m 单井干扰测试压力及流体分析结果，在假定垂向渗透率为0.6mD、压差为3500psi 情况下，椭圆探针应监测到0.9psi 的压降；在假定垂向渗透率为10mD、压差仍为3500psi 条件下，椭圆探针应监测到120psi 压降。实际情况说明，3543～3548m 间存在隔层，使得椭圆探针未监测到明显压力变化。

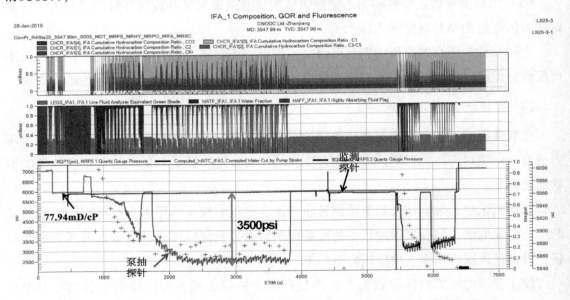

图5.14 LS25 – A – 1 井 3543～3548m 单井干扰测试压力及流体分析（软件截图）

泵抽后期进行压力恢复试井分析，解释地层渗透率为 20.2mD，如图 5.15 所示。在压力恢复后重新进行压力预测试显示压降流度为 20.23mD/cP，压降流度的降低，主要是由于泵抽过程中流压低于凝析气的露点压力，使得凝析油析出造成。

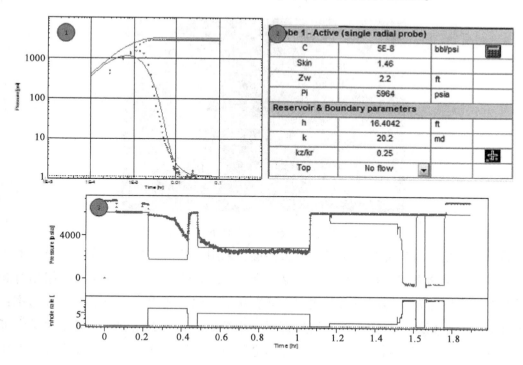

图 5.15　LS25 - A - 1 井 3540.23m 点泵抽压力恢复试井分析（软件截图）

5.1.5　电缆地层测试流度转化渗透率

电缆地层测试反映了井眼附近范围内的流体动态渗流特性，相比于岩心及测井的静态渗透率信息，能够较好反映储层有效渗透率。

电缆地层压力预测试抽吸体积小、测试时间短、波及范围浅，基本反映冲洗带钻井液滤液的渗流特性。图 5.16 为电缆地层压力预测试示意图，由图可见，压力预测试能波及的近井带范围基本为钻井液滤液，因此地层压力预测试实际是对钻井液滤液的压力响应，反映滤液的有效流度。

对于纯气藏，从地层被钻开到进行电缆地层测试作业存在一个时间差，在此期间钻井液滤液持续侵入，导致近井带地层流体被逐渐替换为钻井液滤液，这种现象在中低渗气藏中较明显。中低渗储层存在较大的潜在的毛细管能量，水基液体与地层接触时会被吸入储层，导致钻井后压力探测范围地层中的流体为束缚水、侵入钻井液滤液以及残余气，此时可流动相为钻井液滤液；而在钻井前原始地层中流体是由天然气和束缚水组成，天然气作为可流动相。因此，对于中低渗气层，预测试波及区域为残余气及滤液两相区，测压流度反映的是滤液及残余气两相条件下的水相（滤液）有效渗透率。

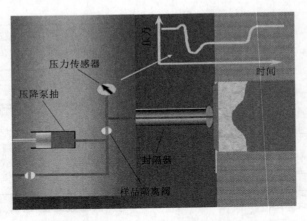

图 5.16   不同温度及矿化度条件下黏度换算图版

特别需指出，对于部分低渗及特低渗储层，采用水基钻井液会导致近井带发生"水锁"现象，因此近井带地层流度并不代表地层真实流度。图 5.17 为气水两相相对渗透率示意图，由图可知，地层压力预测试实际反映了气水两相水相端点的相对渗透率；随着泵抽进行，水相逐渐减少、气相增加直至气相端点（即泵抽后期），实际地层由可流动的气相及残余水相共同组成。基于以上理论假设，采用这样的思路：在准确计算测压流度的基础上，利用南海西部地区气水两相相对渗透率实验资料，建立地区经验关系式，利用测压流度换算绝对渗透率及计算气相渗透率，推导出两者的理论关系式。再用实际气藏岩心分析结果验证本方法的正确性，从而为海上气田探井随钻过程中气藏产能评估提供了一种新的途径和方法。

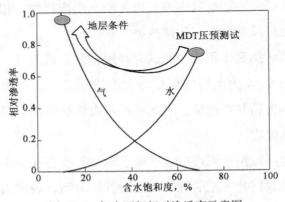

图 5.17   气水两相相对渗透率示意图

液相与残余气共存时的钻井液滤液流度表达式：

$$M = K_{w(1-sgr)}/\mu_w \tag{5.74}$$

液相有效渗透率定义式为

$$K_{w(1-sgr)} = K \times K_{rw(1-sgr)} \tag{5.75}$$

由上述两式，可导出绝对渗透率表达式为

$$K = M \times \mu_w/K_{rw(1-sgr)} \tag{5.76}$$

式中 M——钻井液滤液流度，mD/cP；

μ_w——钻井液滤液黏度，cP；

K——绝对渗透率，mD；

$K_{rw(1-sgr)}$——稳态法水气相对渗透率实验中残余气时水相相对渗透率。

在式（5.76）中，M、μ_w是已知参数，需要确定$K_{rw(1-sgr)}$以获得K。对于压力测量点已测取相对渗透率曲线时，可直接采用气水两相相对渗透率曲线中水相端点相对渗透率，以求取绝对渗透率。但探井电缆地层测试作业时间通常早于取心及岩心实验分析时间，这就需要借助区域已有的相对渗透率曲线建立预测关系式，确定测压点对应深度点的相对渗透率端点值。对南海西部地区稳态法相对渗透率实验测得的水气相对渗透率资料进行统计分析，发现莺琼盆地区域储层纯气层水相端点相对渗透率与绝对渗透率之间存在较好的相关性。图5.18为莺琼盆地几口井气水两相稳态相对渗透率实验分析水相端点相对渗透率与绝对渗透率关系图。通过分析相对渗透率实验水相端点值与分析绝对渗透率的关系，建立K与$K_{rw(1-sgr)}$的对应关系模型，从而求取K。

由图5.18可确定本地区水相端点相对渗透率与绝对渗透率关系公式为

$$K_{rw(1-sgr)} = 0.03 \times K^{0.3001} \tag{5.77}$$

结合式（5.76）及式（5.77），转化得到绝对渗透率的求取模型公式：

$$M\mu_w = K \times 0.03 \times K^{0.3001} \tag{5.78}$$

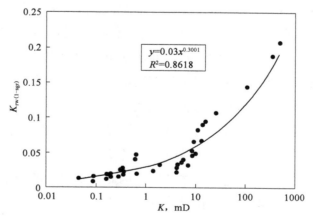

图5.18 莺琼盆地纯气层段气水两相水相端点相对渗透率与绝对渗透率关系图

式（5.78）为隐式，在已知地层测压流度及换算得到钻井液滤液黏度后，便可迭代求解出绝对渗透率。而储层绝对渗透率为仅与岩石孔隙结构相关的静态信息，表征岩石固有属性。对于同一储层而言，储层绝对渗透率与孔隙流体无关，只受岩石孔隙结构影响，冲洗带虽受钻井液滤液侵入影响，但是在滤饼封隔性较好的井段可认为冲洗带孔隙结构与原状地层基本一致。因此，可用测压流度换算绝对渗透率代表储层绝对渗透率。

有效渗透率是流体在多相流体条件下随流体性质及饱和度等因素动态变化信息，表征储层流体在岩石中渗流能力。为了开展储层产能分析，需要提供能表征储层产能的有效渗透率。

由气相有效渗透率定义，束缚水与天然气共存时，气相有效渗透率表达式为

$$K_{g(1-sw)} = K \times K_{rg(1-sw)} \tag{5.79}$$

与式（5.76）联立，得出采用测压流度和相对渗透率端点值计算原始地层条件下气相有效渗透率的关系式为

$$K_{g(1-sw)} = M \times \mu_w \times K_{rg(1-sw)} / K_{rw(1-sgr)} \tag{5.80}$$

式中　$K_{g(1-sw)}$——束缚水时气相渗透率，mD；

　　　$K_{rg(1-sw)}$——束缚水时气相相对渗透率；

　　　M——现场测压流度值，mD/cP；

　　　μ_w——钻井液滤液黏度，cP，依据实际地层温压条件及钻井液浓度换算得到。

由式（5.80）可知，经过转化后，气相有效渗透率实际是与气水两相相对渗透率端点比值相关的关系式，在关系式中确定了相对渗透率端点比值，就可以基于测压流度得到气相有效渗透率。基于大量气水两相相对渗透率实验资料，分析气水相对渗透率曲线两相端点比值与储层绝对渗透率关系。图5.19为莺琼盆地纯气层段气水两相端点相对渗透率比值与绝对渗透率关系图，利用该关系式求出端点相对渗透率比值，即可通过式（5.80）求出原始地层气相渗透率，用于气藏的产能评价。从整个求解过程看，建立区域稳态相对渗透率端点值的相关关系式后，根据测压流度值即可计算测点气相渗透率，绝对渗透率仅是中间值，不需要测定。在探井随钻跟踪过程中，直接的岩心物性分析资料往往是缺乏的，而测压流度是在地层条件下测量的，反映的是井筒周围一定范围内的渗流能力，相对于实验室常规物性分析更具代表性。

经过转化后的气相有效渗透率，基本能表征气藏真实有效渗透率。图5.20为不同渗透率信息与DST试井渗透率对比，由图可见，在各种渗透率的对比中，经测压流度转化得到的气相有效渗透率最为接近试井渗透率。因此，可以考虑利用电缆地层测试流度换算得到气相有效渗透率，尝试替代试井渗透率，用于产能评价中，扩展电缆地层测试资料应用及提高产能预测精度。

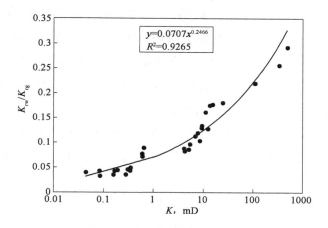

图 5.19 莺琼盆地纯气层段气水两相端点相对渗透率比值与绝对渗透率关系图

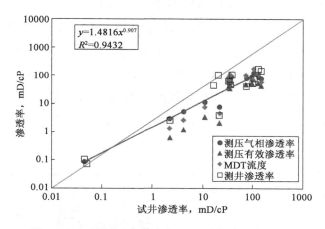

图 5.20 不同渗透率信息与 DST 试井渗透率的对比

5.2 压力恢复分析球形流及径向流流度的关系

常规预测试中，通常只抽取较少量（一般 20cm³）的储层流体，压力响应发生在井筒附近，可认为抽取的流体一般为钻井液滤液，且为球形流流动形态，那么测试探针的压力响应依赖于测试地层的流度 K_s/μ。

压力降落阶段，很短时间段内发生大部分流体在测试探针附近很小的地层内流动，稳定流动状态能够很快形成。对某一特定情况下的球形渗流，当流动达到稳定状态后，探针的压力响应趋向一个恒定值。然而，实际地层流体的流动形态不可能是绝对的球形，实际流动形态将介于半球形流动（非常大的井筒）和球形流动（无穷小井筒）之间。

渗流力学中，渗流速度是一个矢量场。场论中的势叠加理论可以归纳为叠加原理，即在定义域内空间任意一点的压力变化是各源在该空间产生的压降总和。

一般称 $f(t)$ 为球形流时间函数。计算地层渗透率参数时，用 $f(t) \propto p$ 作为坐标轴，利用压力恢复数据在平面上形成的直线段得到直线斜率和 m。根据其他资料和参数，就可以计算储层球形压力恢复渗透率。

以上模型是基于均质地层的解，考虑到地层的非均质和各向异性，球形渗流的压力响应同时受到地层径向渗透率和地层纵向渗透率的影响。由公式推导可以得到球形渗透率与径向渗透率和纵向渗透率的关系：

$$K_s = (K_r^2 K_z)^{1/3} \qquad (5.81)$$

式中 K_r——地层径向渗透率（或称横向渗透率），mD；

K_z——地层纵向渗透率（或称垂向渗透率），mD。

在压力恢复阶段，同时存在球形流动及径向流动的电缆地层测试样品，经处理分析，得到球形流动及径向流动的流度（M_S、M_R）。实际资料采用 DF13 – B – 3 井、DF13 – B – 1 井、DF13 – A – 6 井、LS13 – B – 2 井、LS18 – A – 1 井、LS25 – B – 3 井、LS17 – A – 1 井、DF1 – A – 11 井这 8 口井（有常规测井数据资料）的 MDT、EFDT、RCI 数据，由 M_S（球形流流度）、H（储层厚度）计算 M_R（径向流流度），建立 M_{RC} 模型的气层图版（图 5.21）。

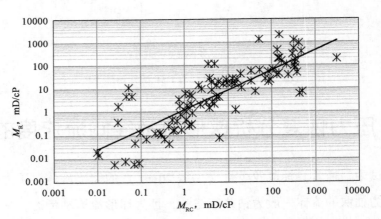

图 5.21　气层 M_R 与模型计算的 M_{RC} 结果对比图

图 5.21 是气层 M_R 与模型计算的 M_{RC} 结果对比图，气层样品有 103 个样品点，回归得到的关系模型如下：

$$M_{RC} = 10^{0.204970 + 0.94614 \times \lg M_S - 0.94614 H} \qquad (R^2 = 0.743) \qquad (5.82)$$

式中 M_{RC}——模型计算得到的径向流流度，mD/cP；

M_R——MDT 资料计算得到的径向流流度，mD/cP；

M_S——MDT 资料计算所得球形流流度，mD/cP；

H——测试点所在储层厚度，m。

实际资料采用 WZ11 - B - 1 井、WS1 - A - 1 井、WS1 - A - 2 井、WS6 - A - 3 井、WS17 - A - 2 井、WS17 - A - 5 井、WS12 - A - 2 井、WS12 - A1 - 3 井、WZ6 - B - 1 井、WZ6 - A - 3 井、WZ6 - A - 1 井、WZ11 - A - 4 井、WZ11 - A - 6 井、WZ12 - A - 1 井、WZ12 - A - 5 井、WS22 - A - 2 井、WZ11 - A - 4 井这 17 口井（有常规测井数据资料）的 MDT、EFDT、RCI 数据，由 M_S（球形流流度）、H（储层厚度）计算 M_R（径向流流度），建立 M_{RC} 模型的油层图版（图 5.22）。

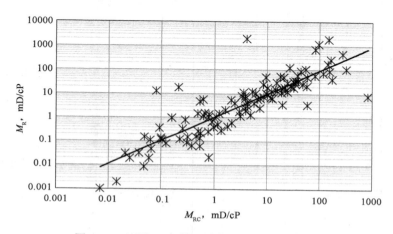

图 5.22　油层 M_R 与模型计算的 M_{RC} 结果对比图

图 5.22 是油层 M_R 与模型计算的 M_{RC} 结果对比图，油层样品有 147 个样品点，回归得到的关系模型如下：

$$M_{RC} = 10^{0.113302 + 1.08761 \times \lg M_S - 0.091920 H} \quad (R^2 = 0.8995) \tag{5.83}$$

式中　M_{RC}——模型计算得到的径向流流度，mD/cP；

M_R——MDT 资料计算得到的径向流流度，mD/cP；

M_S——MDT 资料计算所得球形流流度，mD/cP；

H——测试点所在储层厚度，m。

5.3　动态、静态径向流流度曲线刻度方法

渗透率是分析储层产能的一个重要参数，其可靠度对于产能的准确性十分关键。电缆地层测试反映了井眼附近范围内的流体动态渗流特性，相比于岩心及测井的静态渗透率信息，能够较好地反映储层有效渗透率。因此，利用测压流度转化得到的渗透率，可以有效应用于储层产能评价中。

但测压流度换算得到的有效渗透率是动态、离散、小尺度（仅有某几个深度点的有效渗透率值）的，而 DST 测试得到的有效渗透率是动态、连续、中尺度（具有测试层段的有效渗透率值）的，两者间存在着巨大的尺度差异（图 5.23），因此需要利用常规测井曲线（静态、连续、大尺度），运用适当的技术方法，实现电缆地层压力测试资料结合常规测井资料求取储层有效渗透率。

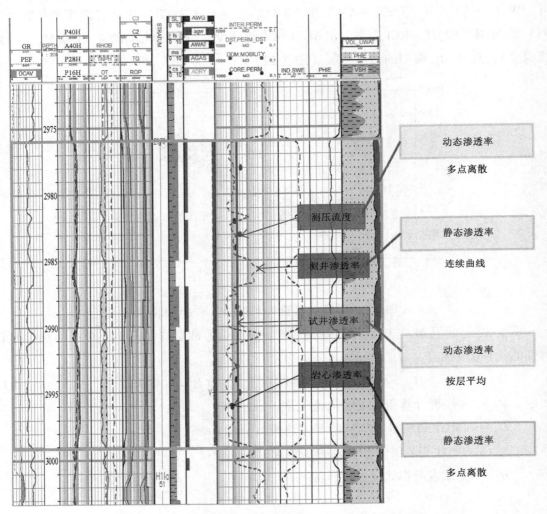

图 5.23　不同表征方法的渗透率之间的尺度差异

由于渗流的形态和类型不同，伴随渗流过程出现的物理和化学现象也不同，建立渗流数学模型需要多种方程：状态方程、运动方程、质量守恒方程、能量守恒方程、其他附加的特性方程、初始与边界条件。状态方程用来描述岩石和流体的性质；运动方程用来刻画介质质点的运动规律；质量守恒与能量守恒方程表示物体的不灭定理；其他附加的特性方程描述了具体渗流过程的特殊规律；初始与边界条件说明了过程的初始状态和边界的性质。

显而易见，DST 压力恢复数据解释储层的流度或者地层系数是地层的有效流度及有效的地层系数。电缆地层测试器的数学模型建立在相对无穷小单元分析法之上，它通过人为的方式在地层产生一个小的压力扰动，通过测量并分析压力响应曲线，达到求取地层参数的目的。地层测试器在预测试时间内，仅抽取 20mL 的储层流体。地层测试器抽取的流体常常是钻井液滤液，可认为地层测试器内是一个单相液体的等温、线性渗流，而常规测井曲线反映的渗透率多与储层储集空间、孔隙喉道有关，通常认为，常规曲线求取的渗透率是储层静态的渗透率。

5.3.1 测井曲线计算静态径向流度 M_{R-log} 曲线

虽然储层具有纵向及垂向的各向异性或非均质性，但电缆地层测试计算的流度与 DST 计算的流度之间的转化只对垂向非均质性敏感。经研究发现储层的孔隙度、泥质含量能较好地反映储层垂向非均质性，为此，可将常规的孔隙度、泥质含量曲线作为中间桥梁，建立电缆地层测试资料计算的流度与 DST 计算的流度之间的尺度转换关系。

研究仍采用处理过的电缆地层测试资料在压力恢复阶段同时存在球形流动及径向流动的样品点，分别考察了静态径向流度 M_{R-log} 的气模型曲线、WZ 区块油模型曲线与 WS 区块油模型曲线。

M_{R-log} 气模型曲线对应的常规测井资料来自 DF1 - A - 11 井、DF13 - B - 3 井、LS17 - A - 1 井、LS25 - B - 3 井所对应的 62 个样品点。

WZ 区块 M_{R-log} 油模型曲线对应的常规测井资料来自 WZ6 - B - 1 井、WZ6 - A - 1 井、WZ12 - A - 5 井、WZ11 - B - 1 井、WZ11 - A - 6 井、WZ11 - A - 4 井、WZ11 - A - 4 井、WZ6 - A - 3 井这 8 口井的 80 个样品点。

WS 区块 M_{R-log} 油模型曲线对应的常规测井资料来自 WS12 - A1 - 3 井、WS12 - A - 2 井、WS16 - A - 3 井、WS22 - A - 2 井这 4 口井的 30 个样品点。

通过电缆地层测试资料分析处理结果得到的径向流流度 M_R 与常规测井成果孔隙度曲线 ϕ、泥质含量 V_{cl}、储层厚度 H 之间建立关系模型。图 5.24 是气层径向流流度 M_R 与常规测井曲线所建模型计算数值的关系图。由图可见，该模型计算结果（M_{R-log}）与电缆地层测试资料解释结果（M_R）一致性好。M_{R-log} 气模型关系式见式（5.84）。

$$M_{R-log} = 10^{-2.063567 + 14.608729\phi + 0.577036V_{cl} - 0.015293H} \qquad (R^2 = 0.7223) \qquad (5.84)$$

式中 M_{R-log}——常规测井曲线模型计算得到的径向流流度，mD/cP；

       M_R——MDT 资料计算得到的径向流流度，mD/cP；

       ϕ——孔隙度；

V_{cl}——泥质含量；

H——测试点所在储层厚度，m。

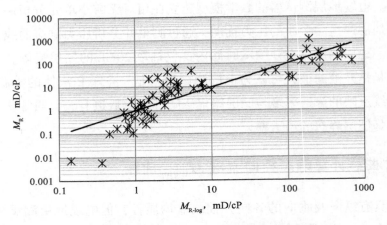

图 5.24　气层 M_R 与 M_{R-log} 模型计算结果对比图

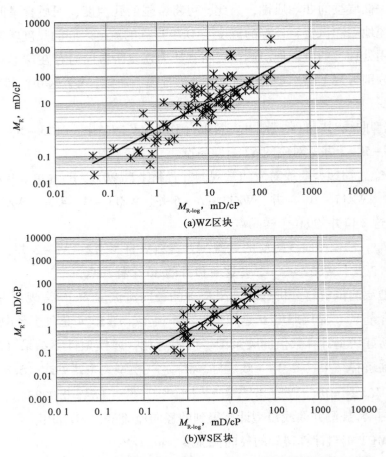

(a)WZ区块

(b)WS区块

图 5.25　WZ 区块和 WS 区块油层 M_R 与 M_{R-log} 模型计算结果对比图

图 5.25（a）、图 5.25（b）分别是 WZ 区块、WS 区块的油层径向流流度 M_R 与常规测井曲线所建模型计算数值的关系图。由图可见，模型计算结果（M_{R-log}）与电缆地层测试资料解释结果（M_R）一致性好。WZ 区块、WS 区块的 M_{R-log} 油模型关系式如式（5.85）所示。

$$M_{R-log-WZ} = 10^{-2.190338 + 19.990874\phi - 1.853033V_{cl} - 0.037407H}$$

$$M_{R-log-WS} = 10^{-1.160203 + 12.015636\phi - 0.716831V_d - 0.106963H} \quad (5.85)$$

式中　$M_{R-log-WZ}$——WZ 区块常规测井曲线模型计算得到的径向流流度，mD/cP；

$M_{R-log-WS}$——WS 区块常规测井曲线模型计算得到的径向流流度，mD/cP；

M_R——MDT 资料计算得到的径向流流度，mD/cP；

ϕ——孔隙度；

V_{cl}——泥质含量；

H——测试点所在储层厚度，m。

将以上利用常规测井成果曲线计算静态径向流流度的油、气模型定义为地区经验模型［式（5.84）、式（5.85）］。

实际上，电缆地层测试器压力恢复阶段得到的球形流及径向流的渗透率影响因素较多，例如难以确定污染带的情况、储层纵横向上的差异、污染带渗透率的局限性、井间的差异等，这些差异主要是储层的污染半径、储层流体的流动效率、堵塞比、完井方式、钻井液侵入特性。所以，计算结果与 DST 测试对比时，还需考虑测试方式、射孔参数的影响。

在应用中，除了利用经验模型的电缆地层测试解释的径向流流度刻度常规曲线计算的流度以外，还可以利用本井电缆地层测试解释的结果建立本井常规曲线计算动态径向流度曲线的模型。

图 5.26 是本井电缆地层测试解释结果刻度常规曲线计算动态径向流流度曲线刻度图。图中第一道为深度道，第二道由 MDT 资料解释得到的径向流流度 M_R（MDT、EFDT、RCI）、地区经验模型计算的结果 M_{R-log}、本井电缆地层测试资料解释点回归的模型计算值 M_{R-logc}，第三道是常规解释的孔隙度曲线、第四道是常规解释的泥质含量曲线。

经计算表明：M_{R-log} 与储层的孔隙度（ϕ）、泥质含量（V_{cl}）、储层厚度（H）有较好的关系。在建立关系时，将电缆地层测试资料解释的径向流流度 M_R 作为因变量，而孔隙度（ϕ）、泥质含量（V_{cl}）、储层厚度（H）为自变量。显而易见，这是一个三元一次的求解方程问题。对于不同的井，可求解本井的函数关系，建立本井的径向流流度模型。

$$M_{R-log} = b_0 + b_1\phi + b_2 V_{cl} + b_3 H$$

$$Q = \sum (M_R - M_{R-log})^2 = \sum [M_R - (b_0 + b_1\phi + b_2 V_{cl} + b_3 H)]^2 \quad (5.86)$$

式中 M_{R-log}——常规测井曲线模型计算得到的径向流流度，mD/cP；

$\quad M_R$——MDT 资料计算得到的径向流流度，mD/cP；

$\quad \phi$——孔隙度；

$\quad V_{cl}$——泥质含量；

$\quad H$——测试点所在储层厚度，m。

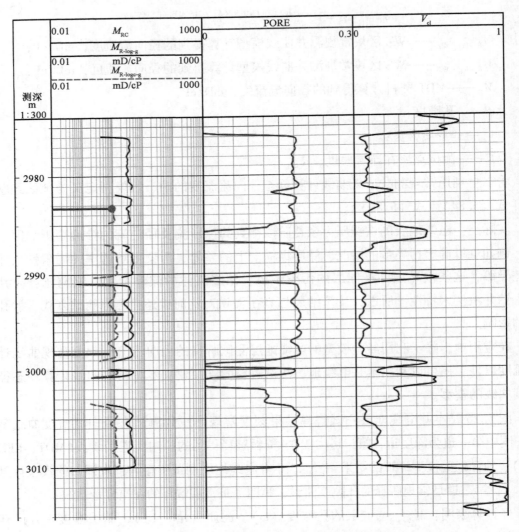

图 5.26　DF13 - B - 1 井动态径向流流度曲线刻度图

　　在模型建立中，应考虑到所测电缆地层测试资料解释的可靠性，同时也要离散考察样品点深度上的一致性。采集对于 M_{R-MDT} 所对应的孔隙度、泥质含量和储层厚度的对应数据表。利用最小二乘法进行回归得到新的模型方程。如果回归模型的相关系数低，建议直接使用地区经验模型，也可直接使用所研究地区的其他流度模型。

5.3.2　径向流流度曲线刻度方法

电缆地层测试仪器以点测方式作业，而其他测井资料的垂向分辨率不能与点测的 MDT/RCI/EFDT 资料相匹配，而 MDT/RCI/EFDT 点测数据又存在不连续的弊端。常规测井计算储层径向流流度曲线反映储层的非均质性的变化，MDT/RCI/EFDT 点测得到的径向流流度是测量点的有效流度，可利用其与对应深度的测井孔隙度、泥质含量建立分区块、分油/气模型的公式。实际资料分析中，原则上采用建立的地区经验模型，但是某些特殊井需要综合分析单井的测井资料和电缆地层测试资料进行客观的刻度。

5.3.3　利用本井电缆地层测试资料刻度

第一种情况是当储层段的电缆地层测试样品点较多、规律性较好时，可以利用本井电缆地层测试资料计算的径向流渗透率刻度由储层孔隙度、泥质含量及储层厚度计算的渗透率。图 5.27 是 WS1 – A – 2 井 891 ~ 900m 井段的动态、静态径向流流度刻度图，图中，M_{R-log} 是利用地区经验公式计算的静态径向流流度（mD/cP），M_{RC} 是电缆地层测试资料计算的径向流流度（mD/cP），M_{R-logc} 是经刻度的径向流动态流度（mD/cP）。显而易见，在未刻度前，电缆地层测试资料计算的径向流流度与测井反映的流度曲线数值差异较大。经储层段电缆地层测试资料计算的径向流流度与测井资料计算的流度有了很好的一致性。WS1 – A – 2 井 891 ~ 900m 井段有测压点 5 个，经分析，该段 5 个测压点均具有明显的径向流特征。该段 DST 测试初开井日产油 4.74m³，流度为 0.218mD/cP，解释结论为油层。该段储层孔隙度均大于 30%，泥质含量平均值小于 8%，刻度前流度为 5mD/cP，刻度后的数值为 2.417mD/cP，接近于 DST 测试的数值。

图 5.27 至图 5.34 的曲线名称说明如下：M_{RC} 为径向流流度，mD/cP；$M_{R-log-o}$ 为油层静态径向流流度，mD/cP；$M_{R-log-g}$ 为油层静态径向流流度，mD/cP；$M_{R-logc-o}$ 为刻度后的油层静态径向流流度，mD/cP；$M_{R-logc-g}$ 为刻度后的气层静态径向流流度，mD/cP；PORE 为该井的孔隙度；V_{cl} 为该井的泥质含量。

第二种情况是当储层段的电缆地层测试样品点较少，电缆地层测试计算的径向流流度与孔隙度曲线、泥质含量曲线有较好的相关性。具体刻度时，可参照该井其他井段的样品点进行刻度。图 5.28 是 WS1 – A – 1 井 859.9 ~ 864.1m 井段的动静态径向流流度刻度图。WS1 – A – 1 井 859.9 ~ 864.1m 井段的测压点仅有 1 个，但在 628m 处的测压点与该点有较好的规律，物性特征相近，可综合 2 点进行本井刻度。该段 DST 测试二开井日产油 14m³，流度为 14.875mD/cP，解释结论为油层。该段储层孔隙度均大于 27%，泥

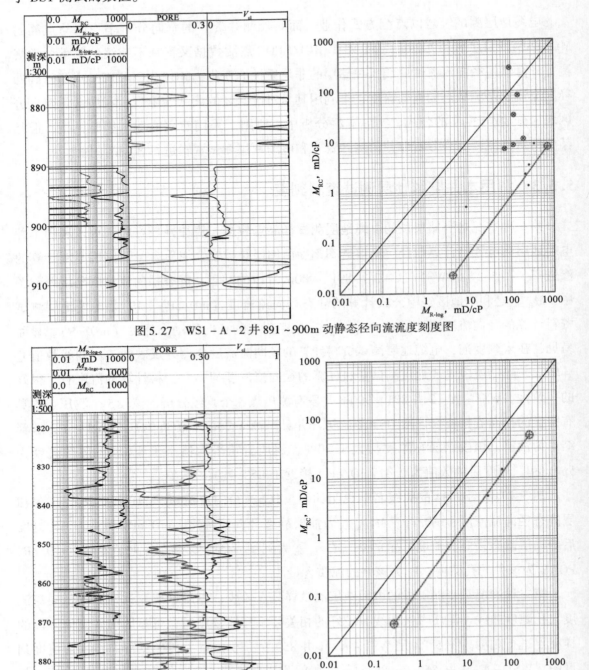

质含量平均值小于5%，刻度前流度为79.134mD/cP，刻度后的数值为6.3mD/cP，接近于DST测试的数值。

图5.27　WS1-A-2井891~900m动静态径向流流度刻度图

图5.28　WS1-A-1井859.9~864.1m动静态径向流流度刻度图

第三种情况是当储层段的电缆地层测试样品点计算的流度异常，同该井其他井段的样品点相比，相同物性条件下，流度值偏低或偏高较多时，可参照最为符合该井物性规律的样品点进行本井刻度。图 5－29 是 WS17－A－2 井 2432～2446m 的动静态径向流流度刻度图。WS17－A－2 井 2432～2446m 井段的测压点有 2 个，而这两个点的孔隙度大小均大于 20%，泥质含量小于 5%，与它们的流度大小相关性差，可参考该井其他较为合理的测压点（图 5.29 中 2386m 处的测压点）进行本井刻度。该段 DST 测试二开井日产油 2.17m³，三开井日产油 1.03m³，流度为 0.076mD/cP，解释结论为油层。刻度前流度为 8.476mD/cP，刻度后的数值为 0.378mD/cP，接近于 DST 测试的数值。

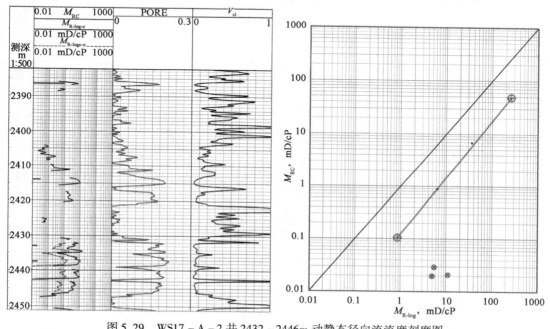

图 5.29　WS17－A－2 井 2432～2446m 动静态径向流流度刻度图

5.3.4　利用电缆地层测试资料地区经验刻度

第一种情况是储层段样品点较少、规律性差时，可以直接使用地区经验模型计算出的静态径向流渗透率 M_{R-log}。图 5.30 分别是 WZ11－A－4 井 2208.3～2223m 井段的动静态径向流流度刻度图。WZ11－A－4 井 2208.3～2223m 井段的测压点仅有 1 个，而该点孔隙度为 19%，泥质含量小于 5%，与该点的流度大小并不相关，因而该井可使用经验刻度。该段 DST 测试日产油 101.8m³，流度为 114.4mD/cP，解释结论为油层。经地区经验刻度，流度数值为 55.92mD/cP，若按照 2220m 处的测压点流度数值进行本井刻度，流度结果偏小。

第二种情况是当储层段样品较多，流度与地区经验模型计算出的静态径向流渗透率匹配时，可以直接使用地区经验模型计算出的静态径向流渗透率 M_{R-log}。图 5.31 是

LS17 - A - 1 井 3321 ~ 3351m 井段动静态径向流流度刻度图。LS17 - A - 1 井 3321 ~ 3351m 井段的测压点有 5 个，5 个点均具有较好的径向流特征。该段 DST 测试日产气 742983m³，流度为 11515.7mD/cP，解释结论为气层。经地区经验刻度，流度数值为 8895.381mD/cP。

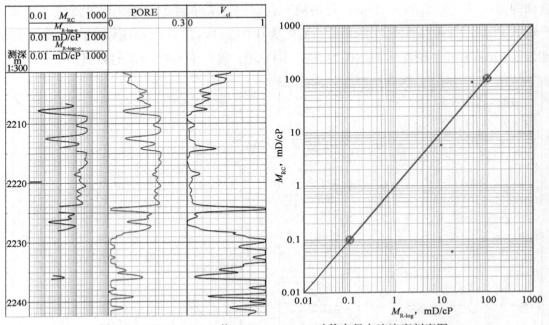

图 5.30　WZ11 - A - 4 井 2208.3 ~ 2223m 动静态径向流流度刻度图

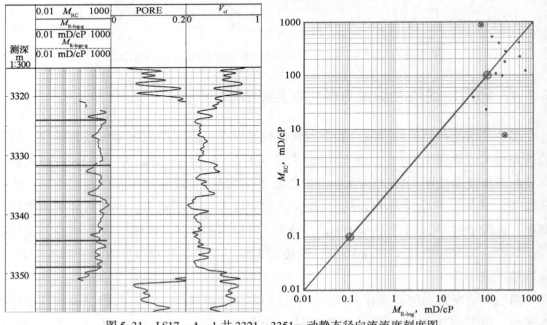

图 5.31　LS17 - A - 1 井 3321 ~ 3351m 动静态径向流流度刻度图

需要注意的是，上面的刻度需要具体问题具体分析。图 5.32 是 WZ12 - A - 5 井 2765 ~ 2781.5m 井段的动静态径向流流度刻度图。由图可见，该 DST 储层段有 3 个 MDT 测压点，采用地区经验油模型计算的径向流流度偏低，且这 3 个样品点一致性差。利用该井段 MDT 样品点刻度，得到的径向流流度结果并不理想，刻度后的 M_{R-logc} 依旧偏小，且与径向流流度相关性不好，因而在建立 DST 与电缆地层测试流度转换关系时不予采用。经复查，在进行测压处理解释时，压力恢复段的径向流特征不明显，径向流流度数值偏高，重新采样、处理解释后，三个样品点解释的径向流流度分别是：88.074mD/cP、5.452mD/cP、18.973mD/cP。如图 5.33 所示，在进行本井刻度后，与径向流流度相关性较之前明显变好。

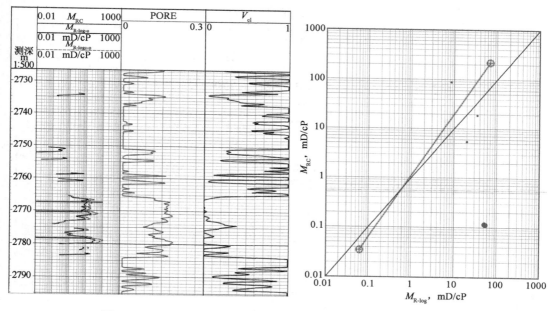

图 5.32 WZ12 - A - 5 井 2765 ~ 2781.5m 动静态径向流流度刻度图

图 5.34 是 WS17 - A - 5 井 2324 ~ 2325.3m 井段动静态径向流流度刻度图。该井段 MDT 测压点仅 1 个，综合该井其他井段的测压点，径向流流度数值均低于 0.1mD/cP，而该井的孔隙度平均值为 20%，泥质含量低于 5%，表明该储层段物性好，由 MDT 计算的径向流流度值与其物性响应相关性不好，认为该井可能受到钻井液滤液的污染径向流流度可信度较低，使用本井刻度回归计算得到的流度为 0.028mD/cP，使用经验刻度计算得到的流度为 11.627mD/cP，而 DST 测试报告提供的流度数值为 0.74mD/cP，均与上述两种刻度方法计算结果差别较大，在建立 DST 与电缆地层测试流度转换关系时不予采用。

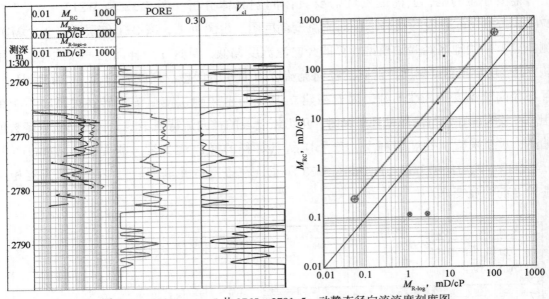

图 5.33　WZ12 – A – 5 井 2765 ~ 2781.5m 动静态径向流流度刻度图

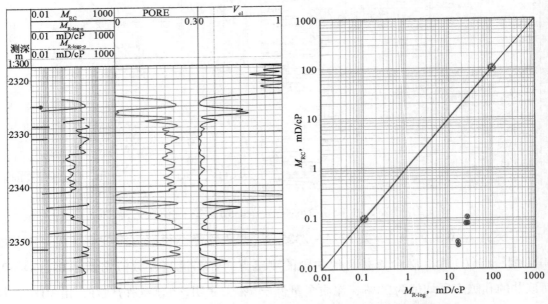

图 5.34　WS17 – A – 5 井 2324 ~ 2325.3m 动静态径向流流度刻度图

5.4 有效（动态）流度与 DST 流度的尺度转换

　　DST 试井解释包括压力和产量等，通过与其他资料的结合来判断油气藏类型、测试井类型和井底完善程度，并确定测试井的特性参数，如渗透率、储量、地层温度等。早期普遍采用半对数曲线分析法（Horner、MDH）进行试井解释，但当测不到半对数直线段，或者不确定是否测到了半对数直线段以及半对数曲线直线段从何时开始均难以判断时，常规试井解释的应用往往受到局限；现基本上采用试井解释图版拟合分析方法。

由压降曲线或压力恢复曲线储层参数得到储层流动系数、地层系数、有效渗透率。

储层流动系数：

$$\frac{kh}{\mu} = \frac{2.121 \times 10^{-3} qB}{m} \tag{5.87}$$

地层系数：

$$Kh = \frac{2.121 \times 10^{-3} q\mu B}{m} \tag{5.88}$$

有效渗透率：

$$K = \frac{2.121 \times 10^{-3} q\mu B}{mh} \tag{5.89}$$

式中 K——地层渗透率，mD；

h——地层厚度，m；

μ——流体黏度，mPa·s；

q——井的地面产量，m³/d；

B——原油体积系数；

m——流度，mD/cP。

电缆地层测试资料解释结果刻度的有效（动态）流度与储层厚度的累计面积为储层的地层流动系数，即

$$M_h = \frac{\sum M_{\text{RC-log}} \times \Delta h}{\mu} \tag{5.90}$$

式中 M_h——地层流动系数，mD·m/cP；

$M_{\text{RC-log}}$——有效（动态）流度曲线，mD/cP；

Δh——储层厚度，m。

经统计，区域有 DST 测试层 26 层/25 口井，其中，测试出气的有 8 层/8 口井，测试出油的有 18 层/17 口井。表 5.1 是区域测试层 DST 测试流度（地层系数与黏度、储层厚度乘积的比值）与 IPas 软件计算流度（地层流动系数与储层厚度的比值）统计表。

在 DST 测试层中，初步分析 WZ12-A-5 井 2765.0~2781.5m、WS17-A-5 井 2324.0~2325.3m 两个样品点，由于电缆地层测试资料计算的径向流流度数值与该层的物性差别较大，电缆地层测试作业恢复至地层压力的时间较长，可能受到钻井液侵入的污染导致流度数值较低，在建立 DST 流度与电缆地层测试流度尺度转换关系时不予采用。

图 5.35 是建立的 DST 流度—电缆地层测试流度尺度转换图，由图可见，分别建立了油、气层的流度尺度转换模型，见式（5.91）。

$$\begin{cases} M_{\text{DST\_gas}} = 10^{1.947848 + 0.879259 \times \lg M_{\text{R-logc-g}}} \\ M_{\text{DST\_oil}} = 10^{-0.262304 + 1.484321 \times \lg M_{\text{R-logc-o}}} \end{cases} \tag{5.91}$$

式中　$M_{\text{DST\_gas}}$——气模型的 DST 流度值，mD/cP；

　　　　$M_{\text{R-logc-g}}$——气模型的有效流度值，mD/cP；

　　　　$M_{\text{DST\_oil}}$——油模型的 DST 流度值，mD/cP；

　　　　$M_{\text{R-logc-o}}$——油模型的有效流度值，mD/cP。

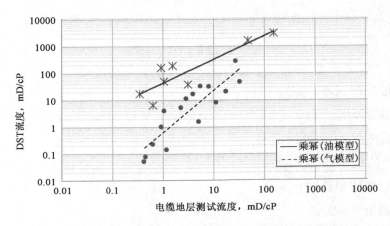

图 5.35　DST 流度—电缆地层测试流度尺度转换模型图

从建立的 DST 流度与电缆地层测试流度尺度转换图中的油模型可以看到：在流度数值低于 3mD/cP 时，电缆地层测试资料解释的流度低于 DST 流度，反之则比 DST 流度高。而对于气模型，DST 测量的流度比电缆地层测试器测量的流度大得多。

5.5　模型对比

表 5.2 是 DF13 – B – 3、LS13 – B – 2、WZ11 – B – 1、WS6 – A – 3 等 23 口井 DST 流度与测井流度对比结果，图 5.36 为相应的对比图，由图 5.36 可见，经电缆地层测试资料刻度反算的流度与 DST 流度有较好的一致性，两者误差仅在 0.5 个数量级，说明经电缆地层测试资料和常规测井曲线计算、尺度转换得到的动态、大尺度、连续的流度曲线与实际 DST 测试流度相吻合，而流度 = 有效渗透率/黏度，即基于电缆地层测试的有效渗透率评价方法可行，结果可靠。

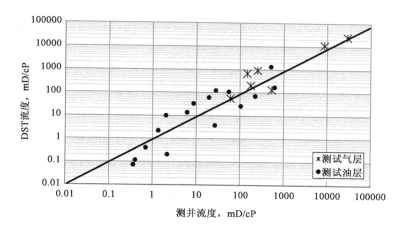

图 5.36　区域测试层 DST 流度与测井流度对比图

表 5.2　区域测试层 DST 流度与测井流度对比表

序号	井号	DST 测试井段，m	DST 流度，mD/cP	MDT 流度，mD/cP
1	DF13 – B – 1	2976.0 ~ 2998.9 3003.5 ~ 3010.0	891.580	256.069
2	LS17 – A – 1	3321.0 ~ 3351.0	11515.700	8895.381
3	LS13 – B – 2	3776.9 ~ 3786.0	136.362	511.090
4	LS25 – B – 3	3890.0 ~ 3920.0	198.180	175.970
5	LS18 – A – 1	2819.9 ~ 2846.7	23600.000	27762.296
6	DF13 – B – 3	3132.1 ~ 3138.9 3140.9 ~ 3147.2 3151.4 ~ 3161.3	711.275	150.664
7	DF1 – A – 11	2795.0 ~ 2798.4	57.339	58.469
8	DF13 – A – 6	2852.0 ~ 2865.0	18.496	98.590
9	WZ6 – B – 1	2884.0 ~ 2894.0 2899.5 ~ 2907.5 2910.5 ~ 2917.0	2.100	1.358
10		2351.0 ~ 2357.0	190.600	609.198
11	WZ11 – A – 4	2208.3 ~ 2223.0	114.400	55.920
12	WZ6 – C – 2	3127.0 ~ 3169.5	10.796	1.948
13	WZ6 – A – 3	2459.0 ~ 2473.5	23.257	106.498
14	WZ6 – A – 1	2368.5 ~ 2375.5	72.727	220.600
15	WZ11 – A – 4	2085.0 ~ 2091.5	3.723	24.945
16	WZ11 – A – 6	2222.5 ~ 2235.0	1407.212	501.930
17	WZ12 – A – 1	2880.0 ~ 3180.3	0.108	0.377
18	WZ12 – A – 2	2880.0 ~ 2897.0	36.426	8.408

序号	井号	DST 测试井段，m	DST 流度，mD/cP	MDT 流度，mD/cP
19	WZ12 - A - 3	2045. 2 ~ 2046. 3 2047. 5 ~ 2049. 7 2052. 8 ~ 2053. 6 2053. 6 ~ 2054. 6	60. 929	17. 905
20	WS16 - A - 3	1885. 0 ~ 1892. 0 1894. 0 ~ 1896. 0 1911. 0 ~ 1918. 0	117. 994	27. 340
21	WS22 - A - 2	3492. 0 ~ 3497. 0 3505. 0 ~ 3510. 0	0. 412	0. 640
22	WS1 - A - 1	859. 9 ~ 862. 0 863. 2 ~ 864. 1	14. 875	6. 300
23	WS1 - A - 2	891. 0 ~ 900. 0	0. 218	2. 026
24	WS17 - A - 2	2432. 0 ~ 2446. 0	0. 076	0. 348

第6章
低孔渗储层等级评价方法研究

　　建立低孔渗储层等级划分标准，能实现工业性产层与大量低产、低效层的界定，对勘探开发具有十分重要的意义。低孔渗储层非均质性强，产能的影响因素较多，不同储层产能变化大，存在测井解释为致密油气层、干层但试油获得工业产能出现"干层"不干的现象，或解释为油气层但测试为低产层的现象。孔隙结构评价是特低孔低渗储层评价的核心，而储层等级评价是测井储层定量评价的最终体现，因此通过对储层的"四性"关系研究与孔隙结构评价从而建立有效的储层等级分类标准十分重要。

　　低孔渗储层分类主要考虑储集空间的有效性、渗流通道的有效性、流体的可动用程度与渗流特征，以储层孔隙结构评价为重心，优选能反映储层品质的参数建立分类评价标准，测井储层分类需结合具体区块具体层位，深入分析各类储层的微观特征与测井响应的关系，建立相应的适合地区地质特征和油藏特点的测井储层综合分类评价标准。

　　对于低孔渗储层级别评价，本章提出基于 DST 测试产能大小来划分储层等级，然后利用毛管压力曲线资料、核磁测井资料、孔隙结构特征参数等进行综合分析。前文已经介绍通过宏观物性参数得到的地层流动带指数 FZI 可以较好地区分不同孔隙结构类型的储层，并且可以看到从核磁 T_2 谱上得到的定量参数也可有效地对 FZI 进行评价，因此从 T_2 谱上可以直接对储层孔隙结构的好坏进行评价。然后提取对储层产液能力敏感的特征参数，利用此参数和 FZI 值综合对储层等级进行评价，建立储层等级划分的交会图版，达到划分储层级别的目的。

　　目前国内对储层级别的划分还没有统一的标准，根据中华人民共和国国土资源部 2005 年颁布的《石油天然气储量计算规范》，将油气藏分为四类（表6.1），东部地区的大多数油田仅根据单井测试日产量对储层的级别进行划分。

表6.1 油气藏产能分类表

分类	油藏千米井深稳定产量 $m^3/(km \cdot d)$	气藏千米井深稳定产量 $10^4 m^3/(km \cdot d)$
高产	≥15	≥10
中产	5~15	3~10
低产	1~5	0.3~3
特低产	<1	<0.3

划分产能的依据主要是日产量，给储层物性参数确定带来了一定的不确定性。根据产能渗流公式，如式（6.1）所示，单层产量是测试压差、测试厚度、原油黏度和储层物性参数等参数的函数，对应一定的日产量，在不同的厚度、压差条件下，所需要的储层物性条件是不一样的，也要满足一定的日产量，当厚度变大、测试压差增大时，对物性的条件可以适当降低，反之，厚度变薄、压差降低时，对物性的要求应适当增加。

$$Q = \frac{2\pi h K_e (p_e - p_w)}{\mu \ln\dfrac{r_e}{r_w}} \tag{6.1}$$

式中 Q——油气层产能，m^3/d；

h——油气层的有效厚度，m；

p_e——油气层压力，MPa；

p_w——井眼流动压力，MPa；

μ——流体的黏度，cP；

R_e——泄油半径，in；

r_w——井眼的半径，in；

K_e——流体的有效渗透率，mD。

为方便储层级别的划分，采用产液指数作为储层级别划分的依据，产液指数定义为在单位厚度下储层的日产液量，定义如下：

$$q = Q/h \tag{6.2}$$

式中 q——比产液指数，$m^3/(d \cdot m)$；

Q——地层测试流体产量，m^3/d；

h——射孔厚度，m，如果射孔层厚中包含一些夹层，应该减去这部分层的厚度。

尝试利用试油资料、核磁测井资料和压汞实验资料，研究储层微观孔隙结构特征。共研究目标区7口井，8个井段共57块测试层段对应的岩心压汞实验结果（数据统计表如表6.2所示），可发现DST测试产量的大小与平均孔喉半径具有正相关的关系，平均孔喉半径越大，产能越高，储层产能与物性有很好的对应关系。

表6.2　研究区测试层段日产量与孔隙微观结构特征对应关系表

井号	试油层段，m	压汞取心段（样品数）	孔隙度，%	渗透率，mD	束缚水饱和度，%	中值孔喉半径，μm	试油结论m³/d
WZ6 – B – 3	2739 ~ 2747	2741 ~ 2744m（5）	19.1	27.78	29.2	0.98	油：33.8
WZ11 – A – 2	2131 ~ 2144 2157 ~ 2177	2133 ~ 2137m（5）	21.4	2683.8	16.5	14.2	油：480.8 气：9978
WZ11 – A – 4	2208 ~ 2223	2215 ~ 2225m（11）	20.1	131.2	23.7	1.97	油：103.4 气：2838
WZ11 – B – 2	2969 ~ 3031	2985 ~ 3003m（6）	15.8	3.3	32.2	0.66	油：5.6 气：846
WZ11 – A – 2（1）	3236 ~ 3254	3250 ~ 3251m（3）	11.9	5.3	36.1	1.01	油：12.5
WZ11 – A – 2（2）	3293 ~ 3320 3325 ~ 3340 3345 ~ 3360	3301 ~ 3308m（9）	12.9	1.51	41.3	0.46	油：4.6
WZ11 – A – 6	2222 ~ 2235	2223 ~ 2232m（6）	22.9	13516	22.9	23.7	油：549.4 气：17120
WC19 – A – 1	2019 ~ 2045	2036 ~ 2045m（12）	24.1	792	17.2	8.1	油：308.6 气：3386

图6.1、图6.2为研究区中测试结果为高产和低产储层的测井响应特征图，WZ11 – A – 4井的测试层厚为15m，DST测试结果为9.53mm油嘴，日产油103.42m³，日产气2838m³；WZ11 – A – 2井测试层厚40m，DST测试结果为7.97mm油嘴，日产油4.6m³。从图中对比只能看出高产层的物性要明显优于低产层，并且高产层的测试层厚也小于低产层的，但是高产层的产量却是低产层的几倍。图6.3、图6.4为这两个测试层段的压汞毛管压力曲线，对比这两图可以看出，产量高的储层其进汞压力曲线特征表现为高进汞饱和度—低排驱压力，该类毛管压力曲线位于坐标的左下部，总体上表现为低排驱压力（小于0.05MPa）、高进汞饱和度（大于90%），具有明显的平台段与双拐点（图6.3）。而测试产量低的储层其进汞压力曲线特征则表现为中—高排驱压力（介于0.1~0.5MPa之间）、中—高进汞饱和度（大于70%），呈斜坡形，双拐点不明显（图6.4）。

图6.5利用了7口井8个具有核磁共振测井资料的测试层段做出的核磁可动流体含量与产液指数的交会图。储层可动流体含量的多少表征孔隙中流体的可动用程度。从图可以看出储层的可动流体饱和度与单位厚度日产液量呈正相关，可动流体饱和度反映了一定孔隙空间条件下储层的产液能力。图中圆圈点代表了WZ11 – A – 2井DST1测试层段，该段日产油72m³，日产气9063m³；从图中的核磁共振T_2谱可以看出该储层大孔隙组分占优势，T_2分布谱多呈双峰。可动峰（T_2截止值后的谱峰）明显高于不可动峰（T_2

截止值前的谱峰），可动峰与不可动峰分离比较明显，而且可动峰的比较靠后，可动流体占的百分比相对较大。图中方点样本代表 WZ11 – B – 2 井 DST1 测试段，该层段日产油5.6m³，日产气846m³；从图中可以看出该储层小孔隙组分占优势，中孔隙组分占一定比例，可动峰峰值小于不可动峰峰值，可动峰峰值相对靠前。

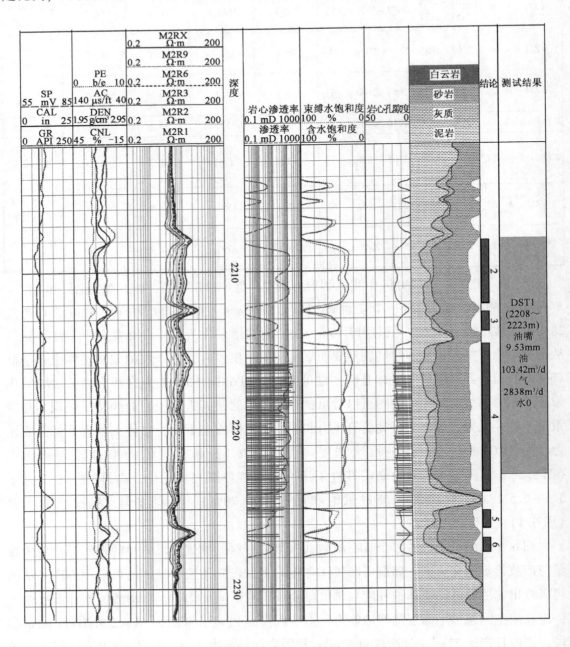

图 6.1　WZ11 – A – 4 井高产储层测井响应特征图

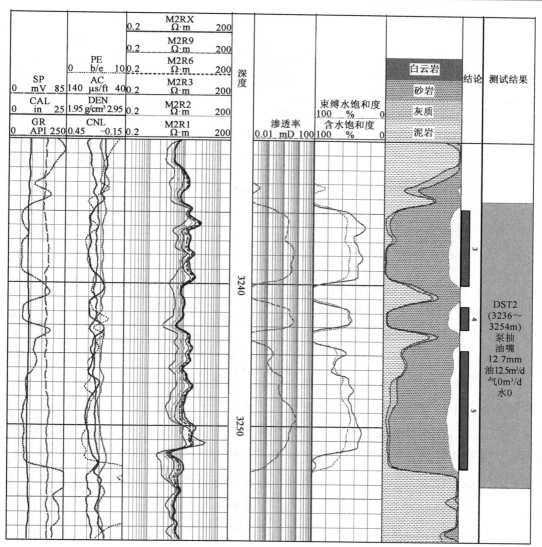

图 6.2　WZ11－A－2 井低产储层测井响应特征图

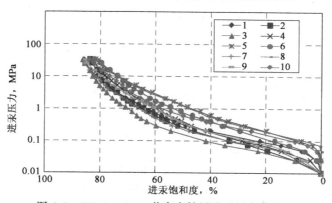

图 6.3　WZ11－A－4 井高产储层进汞压力曲线图

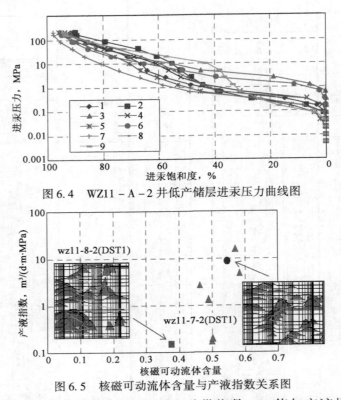

图6.4　WZ11 – A – 2 井低产储层进汞压力曲线图

图6.5　核磁可动流体含量与产液指数关系图

图 6.6 为 14 口井 16 个测试层段的地层流动带指数 FZI 值与产液指数关系图，图中样本点的 FZI 值是利用核磁共振测井提供的渗透率和孔隙度值或者岩心分析的物性值计算得到。从图中可看出，储层的产液指数与 FZI 值具有一定的正相关关系，FZI 值越大，产液指数越高，也就是说储层的产能越好；由前面分析已经知道，FZI 值可以有效地对储层的孔隙结构进行评价，FZI 值越大，孔隙结构越好，因而可知，在一定的条件下，孔隙结构好的储层，其产能也越好。从图也可知道，通过宏观的储层参数（渗透率与孔隙度这两个参数），也能比较有效的基于储层产量来对储层等级进行划分。

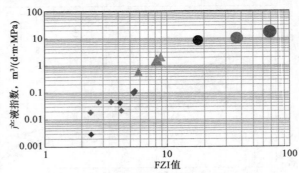

图6.6　FZI 值与产液油指数关系图

点越大油气产量越高，最大的为高产，小的为低产

由图6.6可见，储层的产量与孔隙自由流体含量具有一定的关系，图6.7为中值孔喉半径与束缚水饱和度关系图，从图可看出，中值孔喉半径与束缚水饱和度有很好的相关关系，孔喉半径越大，岩石的孔隙流通性越好，其渗流能力越强，因而其束缚水饱和度越小，则自由水饱和度越高。因此可以说明孔喉半径能较好地评价储层的可动流体含量，在同样条件下，可动流体的含量越高，储层的产能则相应也越好。由图6.6可以看出，宏观物性参数（孔隙度与渗透率）也能较好地对储层等级进行判别，因此可以利用中值孔喉半径、渗透率与孔隙度这三个参数综合为一个储层评价参数来对储层等级进行划分。储层综合评价参数 Z 值定义为

$$Z = \left| \lg \left(\phi \times R_{50} \times K \right) \right| \tag{6.3}$$

式中　ϕ——孔隙度，%；

　　　R_{50}——中值孔喉半径，μm；

　　　K——渗透率，mD。

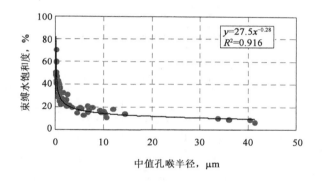

图6.7　中值孔喉半径与束缚水饱和度关系图

图6.8为储层综合评价指数 Z 值与产油指数的交会图，图中样本点为8口井9个测试层段的数据，Z 值是基于测试层段中的压汞毛管压力资料计算得到的。从图可以看出 Z 值与产液指数具有很好的相关关系，不同等级储层其储层综合评价指数值不同；不同储层分类综合评价参数范围，储层产液能力不同；应用储层综合评价指数能够很好地反映储层等级及储层产液能力大小。

表6.3为研究区13口井15个测试层段的DST测试结果汇总表，由于目前中海油湛江分公司对于储层的等级判别没有一个统一明确的标准，因此利用表中的成果资料，参考前面表6.1中根据千米井深的产量来对表6.2中的测试层段进行等级划分，主要分为高产、中产和低产这三个级别。

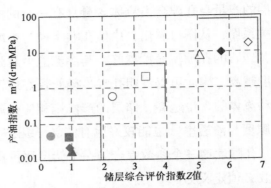

图 6.8 产油指数与储层综合评价指数关系图（点越大表示油气产量越高）

表 6.3 DST 测试结果汇总表

井名	测试顶深 m	测试底深 m	流压，MPa	DST 结果，m³/d 油	气	水	备注
WC19 - A - 1	2019	2045	1. 615	308. 6	3386		
WZ11 - A - 2（合试）	2131	2144	2. 776	480. 8	9978		
	2157	2177					
WZ6 - B - 3	2739	2747	14. 33	33. 8			
WZ11 - A - 2	3236	3254	28. 606	12. 5	0		泵抽
WZ11 - A - 2 （合试）	3293	3320	14. 15	4. 6	0		
	3325	3340					
	3345	3360					
WZ11 - A - 3	3188	3225	15. 359	4. 71	0	3. 76	
WZ11 - A - 4	2208	2223	3. 595	103. 42	2838		
WZ11 - A - 6	2222	2235	2. 98	549. 4	17120		
WZ11 - B - 2	2969	3031	22. 87	5. 6	846		泵抽
WZ11 - A - 1 （合试）	2917	2933	21. 648		1094		
	2942	2955					
WZ11 - A - 1Sa	3314	3323	30. 78	6. 9	262	9. 34	
WZ6 - C - 2	3070. 7	3094. 6	22. 2	24. 6			泵抽
WZ6 - C - 2	3127	3169. 5	15. 1	318. 2	3549		
WZ6 - B - 1 （合试）	2884	2894	4. 4	2. 04			溢流
	2899. 5	2907. 5					
	2910. 5	2917					
WZ11 - C - 2	2532	2540	6. 47	213	4336		

通过分析图 6.8 可知，储层的产油指数与储层物性具有一定的相关关系，而储层的产量高低，除了与物性有关外，还应该综合考虑储层的有效层厚。为了划分储层的等级，定义了以下两个参数：

$$累计有效孔隙厚度 = \sum \phi_i \times 采样间隔, \phi_i > 孔隙度下限$$

$$ZI = 1 \times I + 0.5 \times II + 0.3 \times III + 0.2 \times IV \tag{6.4}$$

累计有效孔隙厚度综合反映了储层有效孔隙度和有效厚度的大小，式（6.4）中，ZI 为储层类型系数，I、II、III 和 IV 分别代表这四种孔隙结构类型储层占试油层段的百分含量；通过核磁测井提供的渗透率，逐点计算出 FZI 值，然后根据第四章的孔隙结构分类标准进行分类，最后统计得到每一类储层的百分比。

图 6.9 为 I 类储层组分含量与 II、III 类储层组分含量交会图，从图可以看出，高产层其一类孔隙结构储层的组分含量较高，II、III 类储层的组分含量较低；而低产层则相反，该类储层其 II、III 类储层的组分含量很高。

图 6.10 为储层类型系数 ZI 值与累计有效孔隙厚度交会图，同样由图可以看出，高、中和低产这三种等级的储层在图中有明显分区，高产层的累计有效孔隙厚度要大于低产层的，其储层类型系数也较大。

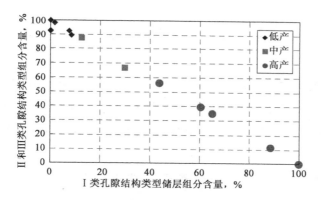

图 6.9　I 类储层组分含量与 II、III 类储层组分含量交会图

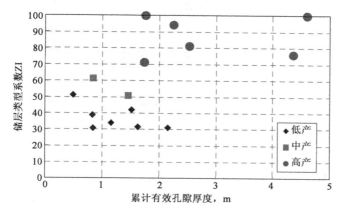

图 6.10　储层类型系数 ZI 值与累计有效孔隙厚度交会图

参 考 文 献

[1] 宋庆彬，王长在，程昌茹，等. 工程录井技术及普遍及深化应用 [J]. 录井工程，2016，27（3）：1 – B.

[2] 毕晋卿. 浅析岩屑录井的主要影响因素 [J]. 中国新技术新产品，2014（01）：46.

[3] 尚锁贵. 气测录井影响因素分析及甲烷校正值的应用 [J]. 录井工程，2008，4.

[4] 张策，石景艳. 影响气测录井发现和准确评价油气层的因素分析 [J]. 录井工程，2001，03.

[5] 曹凤俊. 综合录井数据处理方法 [J]. 录井工程，2007，7.

[6] 曹凤俊，耿长喜. 综合录井数据归一化连续校正处理方法 [J]. 录井工程，2010，21（2）.

[7] 朱兆信，刘忠，姚金志. 气测录井在油气层解释中的优势 [J]. 录井技术，1998，3.

[8] 任光军. 关于气测录井数据的应用探讨 [J]. 录井技术，2003，14（3）：5 – 12.

[9] 王立东，罗平. 气测录井定量解释方法探讨 [J]. 录井工程，2001，3.

[10] 汪瑞雪. 气测录井资料解释及其油气层评价方法研究 [D]. 青岛：中国石油大学（华东），2007.

[11] 李金顺，纪伟，姬月凤. 油气层录井综合评价概论 [J]. 录井技术文集，2004，3.

[12] 刘岩松. 气测录井参数物理意义及差异分析解释方法 [J]. 录井工程，2009，20（1）.

[13] 郭琼，邓建华，姬月凤，等. 气测录井环形网状解释图版及评价方法 [J]. 录井工程，2007，18.

[14] 蔡明华，陆军，周显松，等. 油气层解释评价技术建模方法研究与实践 [J]. 录井工程，2009，2.

[15] 马光强，邝尧中. 油气层综合解释技术在油气勘探中的应用 [J]. 油气地质与采收率，2001，6.

[16] 刘小红，王晓鄂，王学刚. 油气层综合解释系统 [J]. 录井技术，1998，4.

[17] 黄小刚，毛敏. 气测录井烃类气体组份脱气效率的计算方法 [J]. 录井工程，2008，4.

[18] 胡延忠，吴文明，孟建华．气测录井烃类比值和烃气指数图版的建立与应用［J］．录井工程，2009，20（2）．

[19] 吕艾新．录井资料综合解释评价方法在高邮凹陷的应用［J］．中外能源，2012，5.

[20] 王立东，罗平．气测录井定量解释方法探讨［J］．录井技术，2001，3.

[21] 龙铄禺．应用逐步判别法建立气测解释模型［J］．录井工程，1999，3.

[22] 曹义亲，柳健，彭复员．录井气测解释的人工神经网络方法研究［J］．华东交通大学学报，1998，1.

[23] 谭廷栋．测井学［M］．北京：石油工业出版社，1998.

[24] 高楚桥．复杂储层测井评价方法［M］．北京：石油工业出版社，2003.

[25] 雍世和，张超谟．测井数据处理与综合解释［M］．东营：石油大学出版社，1996.

[26] 罗哲谭，王允诚．油气储集层的孔隙结构［M］．北京：科学出版社，1986.

[27] 蒋凌志，顾家裕，郭彬程．中国含油气盆地碎屑岩低渗透储层的特征及形成机理［J］．沉积学报，2004，22（1）：13-A8.

[28] 廖东良，孙建孟，马建海，等．阿尔奇公式中 m、n 取值分析［J］．新疆石油学院学报，2004，16（3）：16-19.

[29] 裘怿楠，薛叔浩，应凤祥．中国陆相油气储集层［M］．北京：石油工业出版社，1997.

[30] 曾大乾，李淑贞．中国低渗透砂岩储层类型及地质特征［J］．石油学报，1994，15（1）：38-B5.

[31] 徐守余．油藏描述方法原理［M］．北京：石油工业出版社，2005.

[32] 李道品．低渗透砂岩油田开发［M］．北京：石油工业出版社，1997.

[33] 姚汉光，傅殿英，徐有信．气测井［M］．北京：石油工业出版社，1990.

[34] 马文杰，陈丽华，王雪松．我国致密碎屑岩天然气储层特征［J］．低渗透油气田，1997，2（4）：8-13.

[35] 周永炳，刘国志，刘淑琴．永乐向斜低渗透油田特点及形成机制探讨［J］．低渗透油气田，1998，3（3）：1-6.

[36] 毛志强，匡立春，孙中春．准噶尔盆地侏罗系油气藏产能变化规律及压裂改造效果分析［J］．勘探地球物理进展，2003，26（4）：323-325.

[37] 毛志强，李进福．油气层产能预测方法及模型［J］．石油学报，2000，21（5）：58-61.

［38］丁显峰，张锦良，刘志斌. 油气田产量预测的新模型［J］. 石油勘探与开发，2004，31（3）：104－106.

［39］曾文冲. 油气藏储集层测井评价技术［M］. 北京：石油工业出版社，1991.

［40］宋子齐，程国建，王静. 特低渗透油层有效厚度确定方法研究［J］. 石油学报，2006，27（6）：103－106.

［41］黄磊，沈平平，宋新民. 低渗透油田油水层识别及油藏类型评价［J］. 石油勘探与开发，2003，30（2）：49－50.

［42］张明禄，石玉江. 复杂孔隙结构砂岩储层岩电参数研究［J］. 石油物探，2005，44（1）：21－28.

［43］李保柱，朱玉新，宋文杰，等. 克拉2气田产能预测方程的建立［J］. 石油勘探与开发，2004，31（2）：107－108.

［44］王玉容. 统计数据分析软件教程［M］. 北京：对外经济贸易大学出版社，2007.

［45］张龙海，周灿灿，刘国强，等. 孔隙结构对低孔低渗储集层电性及测井解释评价的影响［J］. 石油勘探与开发，2006，33（6）：671－676.

［46］赵杰，姜亦忠，俞军. 低渗透储层岩电实验研究［J］. 大庆石油地质与开发，2004，23（2）：61－63.

［47］王为民. 核磁共振岩石物理研究及其在石油工业中的应用［D］. 武汉：中国科学院研究生院（武汉物理与数学研究所），2001.

［48］Archie G E. The Electrical resistivity log as an aid in determining some reservoir characteristics［J］. Transactions of AIME，1942，146：54.

［49］Pittman E D. Relationship of porosity and permeability to various parameters derived from mercury injection－capillary pressure curves for sandstone［J］. AAPG Bulletin，1992，76（2）：191－A98.

［50］Katz A J，Thompson A H. Quantitative prediction of permeability in porous rock［J］. Physical Review Bulletin，1986，34（3）：8179－8181.

［51］Liu Z H，Zhou C C. An innovative method to evaluate formation pore structure using NMR logging data［C］. SPWLA 48th Annual Logging Symposium，2007.

［52］Timur A. An investigation of permeability，porosity and residual water saturation relationships for sandstone reservoirs［J］. Log Analysis，1968.

［53］Valenti N P. A unified theory on residual oil saturation and irreducible water saturation［J］. SPE Paper 77545，2002.

［54］Saner S，Kissami M，Nufaili S A. Estimation of permeability from well logs using resistivity and saturation data ［J］. SPE Formation Evaluation, 1996.

［55］ Everett R V. A method for porosity, permeability, and water-saturation estimates from logs in tight gas sands with rugose holes ［J］. SPE Paper 22737, 1991.

［56］ Uguru C. Estimating irreducible water saturation and relative permeability from logs ［J］. SPE Paper 140623, 2010.

［57］ Torskaya T. Pore-level analysis of the relationship between porosity, irreducible water saturation, and permeability of clastic rocks ［J］. SPE Paper 109878, 2007.